U0229807

极地战略问题研究

A Study on Polar Strategy

左鹏飞 · 著

时事出版社
北京

前　言

　　党的十九大报告明确提出，要坚持陆海统筹，加快建设海洋强国。极地作为海洋的重要组成部分，其丰富的科考资源、油气资源、渔业资源、航道资源等越来越体现出巨大的战略价值，而且随着各国对极地事务的重视与经营，由极地自然资源衍生出的政治价值、军事价值日益凸显，成为大国竞争新的焦点。美国、俄罗斯、加拿大等相关大国不断加大在极地方向的关注和投入，对中国有效维护、拓展极地战略利益提出了严峻挑战。

　　中国对极地问题的研究探索起步较晚，在1983年正式加入《南极条约》之后，次年开始组织极地考察活动。30多年来，我国已成功组织了31次南极科考活动和6次北极科考活动。2014年2月8日，我国南极"泰山站"正式建成开站，至此我国已建立起了由"雪龙"号科考船、"雪鹰"固定翼飞机、直升机、南极长城站、南极中山站、南极昆仑站、南极泰山站、北极黄河站和位于上海的中国极地研究中心组成的"一船五站一基地"极地科考基础平台，为认识极地、探索极地、经略极地奠定了较好的物质、技术基础。与此同时，一些国家纷纷加大对极地事务的关注，不断采取实质性动作积极抢占极地利益，尤其在极地安全领域竞争博弈明显，呈现出合作对抗并存、民用军用并进的态势，既为我深度参与极地事务提供了机遇，更提出了严峻挑战。

目录 Contents

第一章

极地概况

一、北极概况

我们通常所说的北极指的是北纬 66°34′ 以北的区域，又称北极圈，由整个北冰洋以及加拿大、美国、俄罗斯、挪威、丹麦、瑞典、芬兰和冰岛八个国家的部分领土组成。

北极地区的气候终年寒冷，尤其是在每年 11 月到次年 4 月长达 6 个多月的冬季，平均气温基本在零下 20 摄氏度以下，在北极点附近漂流站上观测到的历史最低气温为零下 59 摄氏度。由于洋流和北极反气旋的影响，北极地区最冷的地方并不在北冰洋中央，在西伯利亚观测到的历史最低气温为零下 70 摄氏度。

北冰洋是北极地区的主要组成部分，占北极地区面积的 60% 以上，面积为 1479 万平方千米，大部分海面常年被数米厚的海冰所覆盖，冬季覆盖海洋总面积的 73%，约 1000—1100 万平方千米，夏季覆盖 53%，约 750—800 平方千米。其中，中央北冰洋的海冰已持续存在 300 万年，是永久性海冰。根据自然地理特点，北冰洋分为北极海区和北欧海区两部分。北冰洋主体部分、喀拉海、拉普捷夫海、东西伯利亚海、楚科奇海、波弗特海及加拿大北极群岛各海峡属北极海区；格陵兰海、挪威海、巴伦支海和白海属北欧海区。在北冰洋表层环流中起主要作用的是两支海流：一是大西洋洋流的支流——西斯匹次卑尔根海流，这支高盐度的暖流从格陵兰以东进入北冰洋，沿大陆架边缘作逆时针运动；二是从楚科奇海进入，流经北极点后又从格陵兰海流出，注入大西洋的越极洋流。他们共同塑造了北冰洋的海洋水文基本特征，如水团分布、北冰洋与外海的水交换等。

北冰洋平均深度约 1225 米，最深处南森海盆为 5527 米。北冰洋介于亚洲、欧洲和北美洲之间，被亚欧大陆和北美大陆所环抱，通过白令海峡与太平洋相通，通过格陵兰海及附近海峡与大西洋相通。

北极地区的年降水量一般在 100—250 毫米，在格陵兰海域可以达到 500 毫米，降水集中在近海陆地上，最主要的形式是夏季的雨水。

北极地区蕴藏着丰富的石油、天然气、矿物和渔业资源。尽管目前开发北极地区的油气资源在技术上还存在较大困难，但随着全球变暖，北极冰面正快速消失，油气开发也将很快成为现实。

由于地理上的原因，通过北极地区是东西半球到达另一半球的最短航线。为此，许多探险家前赴后继，打通了欧亚大陆与北美大陆之间的北极东北航线和西北航线。开通于 1941 年 9 月的北极航线，在二战期间成为了同盟国与苏联联系的重要海上通道。战后，北极地区成为了美苏对抗尤其是潜艇角逐的舞台。直到今天，美国和俄罗斯围绕北极地区展开的战略博弈与军事对抗依然持续不断。

北极地区居住着几十个不同的民族，其中分布最广的是因纽特人，又称爱斯基摩人，分布在从西伯利亚、阿拉斯加到格陵兰的北极圈内外，人口约 13 万。不过，"爱斯基摩"一词是当年印第安人对他们的称呼，即"吃生肉的人"，因为历史上印第安人与爱斯基摩人有过矛盾，所以这一名称明显有贬义。因此，爱斯基摩人并不喜欢这个名字，他们更喜欢称自己为"因纽特"或"因纽皮特"人，在爱斯基摩语中意为"真正的人"，他们以渔猎为生，擅长捕杀冰海中的鱼类、鲸、海豹和北极熊、北极狐等。

二、南极概况

我们通常所说的南极是指南极洲，包括南极大陆及周围岛屿，总面积约 1400 万平方千米，其中大陆面积为 1239 万平方千米，岛屿面积约 7.6 万平方千米，冰架面积约 158 万平方千米，南极是地球上最后一个被发现，唯一没有人员定居的大陆。南极大陆 95% 以上的面积为厚厚的冰盖所覆盖，冰层平均厚度 1880米，最厚达到了 4000 米以上。南极大陆平均海拔 2350 米，是地球上最高的洲，最高点玛丽·伯德地的文森山，海拔 5140 米。1911 年 12 月 14 日，挪威探险家罗纳尔·阿蒙森成为踏上南极点的第一人。一个月后，英国海军上校罗伯特·福尔肯·斯科特也到达了南极点。为了纪念他们，美国把 1957 年建在南极点的科考站命名为阿蒙森—斯科特站。

南极的气候特点是严寒、大风和干燥。由于海拔高，空气稀薄，再加上冰雪表面对太阳辐射的反射等，使得南极大陆成为世界最为寒冷的地区，其平均气温比北极要低得多，年平均气温为零下 25 摄氏度，内陆高原平均气温零下 52 摄氏度，为世界最冷的陆地。1983 年 7 月，俄罗斯东方站曾测到过零下 89.2 摄氏度的全球最低温。南极不仅是世界上最冷的地方，也是世界上风力最大的地区。平均每年 8 级以上的大风有 300 多天，年平均风速

19.4 米/秒，是世界上风力最强和最多风的地区，法国迪尔维尔站曾观测到风速达 100 米/秒的大风。南极是世界上淡水的重要储藏地，拥有占地球 70% 左右的淡水资源，但年平均降水量只有 55 毫米，大陆内部年降水量仅 30 毫米左右，在南极点附近年降水量近于零，仅大陆边缘地区达到了 550 毫米。

南极大陆周围是太平洋、大西洋、印度洋。与南极大陆最接近的大陆是南美洲，之间相隔 970 公里宽的德雷克海峡。南极的边缘海有属于南太平洋的别林斯高晋海、罗斯海、阿蒙森海和属于南大西洋的威德尔海等，主要岛屿有奥克兰群岛、布韦岛、南设得兰岛、南奥克尼群岛、阿德莱德岛、亚历山大岛、彼得一世岛、南乔治亚岛、爱德华王子岛、南桑威奇岛等。

南极蕴藏的自然资源丰富，约 220 多种，主要有煤、石油、天然气及多种金属矿藏。据已查明的资源分布来看，煤、铁和石油的储量为世界第一。其中，铁矿主要分布在东南极洲，在查尔斯王子山脉南部的地层内，有一条厚度达 400 米，长 120~180 千米，宽 5~10 千米的条带状富磁铁矿岩层，是当今世界最大的富铁矿藏，初步估算其蕴藏量可供全世界开发 200 年。

英国、新西兰、德国、南非、澳大利亚、法国、挪威、智利、阿根廷、巴西等 10 个国家先后对南极洲的部分领土正式提出主权要求。1959 年 12 月，由 12 个国家签订了《南极条约》，于 1961 年 6 月正式生效。目前，这一条约有 40 个成员国，其中 26 国为协商国，14 国为非协商国。《南极条约》冻结了相关国家对南极的领土主权要求，规定南极只用于和平目的，不属于任何一个国家。中国于 1985 年 5 月 9 日加入南极条约组织，同年 10 月成为协商国。

第二章

极地的战略地位

近年来，国际社会对冰雪覆盖的极地表现出极大的热情，极地之争已成为国际政治舞台的焦点之一，各国针对极地的"圈地"运动也愈演愈烈。沉寂多年的极地之所以再次引发各国的争夺，是因为随着全球气候变暖和新技术的应用，极地储量丰富的油气和矿产资源有望得以开发，新的远洋运输航线有望得以开辟。各国逐鹿两极的背后，实际上是看好极地重大的战略、经济、军事和科研价值。

一、战略价值

极地由于其特殊的地理位置，在全球地缘战略和世界战略格局中具有独特的价值。

北极地处亚、欧、美三大洲顶点与接合部，谁控制了北极，谁就将占据最有利的地缘战略位置。在世界体系和全球战略中，北美、欧洲、东亚是三大经济、政治和战略核心地带，北冰洋把北美、欧洲与东亚连接在一起，使三大全球性战略地区环绕北极地区分布，呈鼎足之势。北极地区是大国力量之间相互进行战略威慑不可逾越的战略空间，也是这些国家进行防御必须重点考虑的主要方向，在北半球大国之间的战略对抗中处于极为重要的地位。对以亚洲和欧洲大陆为基地的战略力量来说，无论是洲际弹道导弹还是远程战略轰炸机，越过北冰洋或北极地区，都是威慑美国本土的捷径。同样，北极地区是对欧亚大陆发动可能的进攻的前沿基地，美国及其主导的北约力量以阿拉斯加和格陵兰为基地，大大缩短了与欧亚大陆腹地之间的距离，在战略上攻守自如。

南极地区包括南极洲大陆与南大洋，南极洲位于地球最南端，是距离人类最为遥远的大陆，濒临太平洋、大西洋和印度洋，地缘战略地位非常重要。1959年，美、英、法等12个国家在华盛顿签署了《南极条约》，宣布冻结对南极地区的主权要求，同时规定南极非军事化，使南极地区活动表面上趋于平静。但是随着世界局势的发展，一旦南极军事化，其地缘战略价值就将凸显出来。首先，毗邻南极洲的德雷克海峡是重要的国际运输通道，如果巴拿马运河遭到破坏而阻塞，该海峡将显示出重要的战略价值；其次，从最佳导弹发射角度而言，如果在南极建立导弹发射基地，便可在有效范围内直接威胁大洋洲、南美洲和非洲；最后，若在南极洲沿岸建立海军基地或部署核潜艇，还可以扼控太平洋、大西洋和印度洋三大洋，起到巨大的威慑作用，将对全球地缘战略产生巨大影响。

因此，极地作为一个涵盖主要大国在内涉及面广泛的国际交往议题，可以成为扩大国际影响力、提高国际运筹空间的很好平台。随着我国综合国力的持续快速上升，国家利益也在不断向海外拓展，许多发生在第三方国家、非政府组织之间的国际交往也往往会影响到我国家利益，也会使我成为局中者。极地作为一个大国关注力集中的领域，自然成为各国较量博弈的重要平台。在极地问题上若能占得主动，取得对其他国家的战略优势，就可以此为筹码，呼应其他领域的诉求。事实上，各国在极地问题上的主张各不相同，许多矛盾十分尖锐，比如美俄之间在北极领土划分、北极航道主权等关键性问题上的立场直接对立，给我国利用矛盾、扩大影响提供了机会。从主观上看，随着极地科考水平的不断提升和极地活动的日益增多，我国在极地相关国际组织、框架中的影响力也在不断增强，在开展极地国际合作的过程中发挥出了重要作用，成为极地事务的重要相关方，这些都是我国国际交往的宝贵资源。比如，2014年初我国"雪龙"号科考船在南极成功援救俄罗斯被困科考船，既彰显了大国形象，展现了极地救援能力，同时也为在其他领域与俄罗斯开展交往赢得了重要的筹码。

二、科研价值

由于其极端特殊的气候环境和独一无二的地理位置，极地地区具有世界上其他任何地方都无法比拟的科学研究价值，被科学家誉为"人类最后的天然科学实验圣地"。南极大陆几千万年以来一直处于原始荒野状态，平均厚度达2450米的冰盖及下伏的湖泊、巨大冰架下的海洋生态系统、数个大型陨石富集区、极端低温环境、全球大洋环流的驱动器、独特的生物和微生物群落、类火星两极环境等，可为开展科学研究提供理想环境和稀缺资源；在北极，海冰面积快速减少和冰川快速退缩、北极气候变化对亚北极气候的影响、北极—赤道—南极的大尺度相互作用过程等，是研究全球气候问题的核心内容。具体来讲，在以下三个方面的科研价值尤为突出：

气候变化研究。极地地区尤其是北极地区，对全球气候变化高度敏感，是全球气候变化一个非常独特的观测和研究场所。北冰洋对于北半球中高纬度各国气候安全的重要性不言而喻，通过北冰洋海冰、格陵兰冰盖、冻土层、动物和植物分布等变化可观测气候和环境变化。因此，以北极为基地开展相关的科学研究对于我们预知全球气候与环境的未来发展变化趋势至关重要，我们可以通过北极地区的科学研究来揭开地球气候与环境从古至今的变化发展规律。

冰层冻土研究。由于地理和气候等原因，极地地区长年被冰雪覆盖，其纯净状态至今未受到破坏，从极地冰盖中取得的未受污染的冰雪样品，可以帮助人们了解几千年来乃至上万年来的地球气候和环境的演化史。极地地区还有一个特点，就是有大面积的永久性冻土带，里面储存有大量的地球古环境信息，并保存有大量的固体碳及碳氢化合物，对其进行研究可以更好地了解地球地质信息和构造情况。

生物基因研究。由于高寒、高盐、高辐射的极端环境，极地地区在生物基因研究领域的价值不可估量，在生物制药、化妆品等行业乃至探索外星生命等方面都有巨大价值。南极地区的动植物，特别是极为丰富的海洋生物是地球生物体系中的重要部分。据统计，目前在美国登记的有关南极洲的生物专利已达 92 个，在欧洲登记的专利也有 62 个。与南极丰富的海洋生物相比，北极陆地的生命活动更加多样，研究北极生物多样性、生物总量及生态环境，对人类的生物资源前景、生物基因工程等方面具有广泛而深远的意义。此外，极地处在地磁极的一极，加之空气稀薄而洁净，是研究地磁、高层大气、宇宙射线和太阳的理想基地。

基于这些重要的科考价值，一些国家很早就开始了对极地的科考活动。早在 1915 年，加拿大便开展了针对北冰洋的探险和考察。1947 年，加拿大设立北极东部研究小组和北极区海域生物研究所,1958 年又设立海冰研究中心,主要进行加拿大北冰洋大陆架调查。目前,加拿大在其北部区域设置了 30 多个北极观测站,用于开展极地科学研究。1947 年,美国在阿拉斯加成立了海军北极研究所,1958 年又成立了美国科学院极地研究所,研究涉及声学、地质学、地球物理学、环境预报、冰、雪、永久冻土、极地物质系统和人对严寒的适应性等项目。日本是亚洲国家中最早对北极进行探险考察的国家。1990 年,日本设立北极圈环境研究中心,从事对北极海冰为中心的大气、海洋环境变化的状况等研究。2007 年 8 月,印度也派遣了其第一支北极科考队赴北极开展科考活动。

从我国的地理环境来看,作为一个大部分温带、小部分热带的国家,境内没有稳定可靠的寒带自然环境,要开展低温条件下的科学研究,只有依靠极地来实施。比如我国南极昆仑站就是地球上最好的天文观测站,其观测条件接近于位于空间的哈勃望远镜,借助的就是南极的天气变化小、空气水分少、没有扰动。利用这些宝贵的自然条件,我国在开展宇宙暗物质、暗能量、类地行星观测等方面取得了许多宝贵的数据资料。因此,较之美国、俄罗斯、加拿大等极地周边国家,极地在我国科考工作中的重要性更为突出。

三、经济价值

各国之所以对极地虎视眈眈,除了其重要的地缘战略价值外,还在于南极和北极丰富的资源具有巨大的经济价值。

航运价值。随着人类活动加剧,全球气候变暖,极地地区的气温上升导致冰川大面积融化,使得极地航线开通成为可能,将大大缩短航程,降低运输成本。北极航线是指穿过北冰洋、连接大西洋和太平洋的海上航道，主要有东北航道和西北航道两个方向。西北航道东起美国和加拿大东海岸，向西穿过加拿大北极群岛，经波弗特海、白令海峡抵达美加太平洋港口；东北航道又称北海航道或北方航道，西起西欧和北欧港口，穿过西伯利亚沿岸海域，绕过白令海峡到达我国或日本港口。长期以来北极航线由于长年浮冰覆盖，极其寒冷，一直未被正式提上议事日程。随着北冰洋海冰消融和航海技术的不断进步，加拿大沿岸的"西北航道"和西伯利亚沿岸的"东北航道"将成为新的"大西洋—太平洋轴心航线"。届时，欧洲船只可沿北冰洋海岸，穿越白令海峡直达亚洲，而不必绕行巴拿马运河或苏伊士运河，大西洋至太平洋的航线将缩短 40%，费用节省 20%—30%，对全球航运格局将产生重大影响。从我国目前能源运输渠道看，超过 80% 的石油要经过动荡的索马里亚丁湾海域，尤其是咽喉要道马六甲海峡周边国家大多与我关系一般，往往容易跟随美国等主要对手步伐，对我构成潜在威胁。一旦形势紧张，这一区域被对手利用，对我采取不利举动，将会严重威胁到我国的能源安全。北极地区周边大国对峙态势明显，客观上也可制约相关方采取危险举动，有利于我借力打力，灵活把握。未来北极航道开辟之后，将成为北美洲、欧洲和东北亚国家之间最快捷的通道，我海上能源运输将可大大降低对马六甲航线的依赖，提升能源安全系数。将来实现对北极油气资源的开发后，可途经白令海峡南下直线输送回国内，优化我外部能源供给格局，在一定程度上缓解在亚丁湾、马六甲海峡等地区受制于人的困境。

油气与矿产资源。南极和北极均拥有储量丰富的油气与矿产资源，蕴含的经济价值非常可观，是人类未来发展的希望所在。南极地区石油储量约 500--1000 亿桶，天然气储量约 3 万亿立方米—5万亿立方米，广泛分布于南极海域和大陆架之下，在有些地方如罗斯海大陆架油气的埋藏深度甚至不足百米，而容纳油层的沉积物厚度竟达到3000—4000米。南极冰盖和周边海底中还含有大量固体甲烷，据预测其埋藏量远远超过了地球上现存的所有燃料的总和。南极还有世界上最大的煤田，位于东南极冰盖之下，储量约为5000亿吨，而且是高质量的煤炭，许多煤层直接露出地表。南极还有世界上最大的富铁矿，厚100米的露天铁矿延绵120千米，含铁品位为32.1%，有些区域甚至富达58%，初步估算可供全世界开发利用200年。此外，南极洲还富藏铜、铝、铅、锡、锰、金、银等有色金属矿。北极地区蕴藏着丰富的石油、天然气和煤炭资源，由美国地质调查局和丹麦及格陵兰地质调查局科学家联合完成的研究报告认为，北极圈未探明的油气资源占全世界未探明的、可获取的油气资源的22%，其中未探明的石油占全球未探明储量的13%，天然气占30%，煤炭储量约占世界煤炭资源的9%。除此之外，北极地区还蕴藏着丰富的锡、锰、铁、金、镍、铅和钻石等重要的金属矿产，以及磷酸盐、泥炭等资源。随着我国持续快速发展，对油气等各类资源的需求量越来越大，国内能源已经远远不能满足需求，目前每年所需的能源相当一部分依赖进口。从中东、非洲等几个主要海外能源供应地区看，都程度不一地存在安全隐患，我国从这些地区的能源进口受当地政局变化、国际政治大气候影响明显，直接造成我国的外部能源供给不稳定，尽早丰富、优化现有能源供给网络显得极为重要。极地所蕴含的能源数量巨大，但受科技水平、国际政治等多种原因的制约，极地丰富的油气资源尚未被开发。在现有能源供应压力越来越大和科技水平快速提高的双重驱动下，极地能源利用已经变得越来越现实。目前，极地能源开发形势总体对我有利，各国南极主权被冻结、北极主权归属存在争议，这些都给我国提供了深度介入极地能源开发的可能，如果运筹得当可将极地打造成为我国新的能源供给基地。

海洋生物资源。北极海域地处寒、暖流交汇处，渔业资源十分丰富。随着全球气候不断变暖、海冰大面积融化，北极地区的渔业资源正以前所未有的速度冲击着人们的视线。巴伦支海、挪威海和格陵兰海都属世界著名的大渔场，主要经济鱼类有北极鲜鱼、北极墨鱼、碟鱼和毛鳞鱼等。南极地区的海洋生物资源也非常丰富，其特产磷虾堪称海洋珍品，蕴藏量大约是10—50亿吨，是世界上最大的蛋白质库，每年可捕获1亿吨—1.5亿吨而不会影响海洋生态，相当于世界每年渔产总捕获量的2倍。此外，北极地区还拥有大规模的水电资源，南极地区是人类最大的淡水资源库，储存了地球上72%的淡水，可供全人类使用7500年。

四、军事价值

由于其独特的地缘战略地位，极地不仅具有巨大的经济价值，还具有非常重要的军事价值。

战略导弹的隐蔽所。北冰洋73%的面积被冰层所覆盖，厚达数米的冰层可以非常有效地阻止电磁波的穿透，即使最先进的卫星也很难对潜艇进行追踪和监视，海面浮冰经常性破裂产生的巨大噪音可对声波进行干扰，从而破坏水下监控系统的跟踪，使得潜艇可以在冰层下自由行动而不被发现；极地地区电离层的频繁干扰，使得探测潜艇的远程后向散射雷达的效率也大大降低。因此，北冰洋厚厚的冰盖是核潜艇最好的天然屏障，北极地区也就成为战略导弹的隐蔽发射场，携带战略导弹核潜艇可以神不知鬼不觉地在北冰洋海底游弋，独立完成战略打击任务。

战略投送的大通道。由于气候条件极端恶劣，极地地区一直没有受到周边国家的重视。一旦发生战争，极地地区作为战略投送通道的军事意义就会凸显出来。北极航线是北冰洋上重要的国际航运通道，早在一战时就已经开始用于军事用途，在二战期间更是发挥出了重要作用，成为盟国抗击德国的重要战场，很多西方援助物资都是经此运进苏联的。南极航线也十分重要，毗邻南极洲的德雷克海峡是重要的国际运输通道，如果巴拿马运河遭到破坏而阻塞，德雷克海峡将成为连接大西洋与太平洋的最重要战略通道，其军事价值不言而喻。

战略预警的制高点。南极濒临太平洋、大西洋和印度洋，北极地处亚、欧、美三大洲顶点与接合部。无论是南极还是北极，在军事上均具有非常重要的战略预警价值。在北冰洋沿岸部署远程预警雷达和水下监听系统，不仅可以有效监控北极地区的舰艇和飞机活动情况，还可以对来袭导弹进行早期预警。对美国而言，阿拉斯加州、格陵兰岛等是用以侦测来自亚欧大陆战略威胁并进行拦截的理想基地。美国就在从阿拉斯加到冰岛的漫长北极线上建起了弹道导弹预警系统，部署了相当规模的远程相控阵雷达、战略核潜艇、弹道导弹和截击机，并联合加拿大成立了北美空间防御司令部。在南极洲部署远程预警雷达，可以对活动在太平洋、大西洋和印度洋等三大洋的舰艇进行侦察预警，若在乔治王岛建立一个远程预警雷达，不仅可以全面监控航经德雷克海峡的舰艇，还可以将南美地区都保持在监控范围之内。

军事科研的拓展地。极地具有特殊的地球磁场条件，是进行电磁武器研究的一个重要场所，美国"星球大战"计划中的电磁武器研发项目就在南极进行。极地在影响全球气候变化中的特殊作用，也使其成为各国气象武器研究的实验场，早在 20 世纪 50

年代，美国军方就在一份研究报告中明确提出了"气象控制比原子弹还重要"的观点，并积极在南极研发气象武器。此外，极地上空大气物理研究对国防通讯系统有非常重要的价值，在南大洋和北冰洋海冰下进行的关于声音传播的研究则对海军的通讯具有重要的现实意义。正是由于极地在军事科研方面的价值，各国纷纷打着科学研究的旗号，加强在极地的军事性活动及相关研究。因此，一旦某个国家或者其他组织从军事上控制了极地地区，必然会对周边国家乃至全球的军事态势产生重大影响，可以说，谁在军事上控制了极地，谁就在掌握战略主动权上更胜一筹。

从国家安全态势来看，随着一些军事强国远程预警监控、远程精确打击能力的不断提升，国家安全的内涵和外延也随之不断拓展，其地理范围已经远远超出本土。极地独特的地理优势使其在我国家安全中的影响尤为突出，在美国持续对我加强战略围堵的大背景下，极地的军事价值突出体现在以下三个方面：

1. 提高战略核威慑的有效性

随着全球温度上升，北极航道日益成为我海上力量活动的重要目标区域，一旦在这个区域实现力量常态化存在，不但能够对美俄等大国形成有效战略牵制，而且还可以大大减轻主要对手在我其它战略方向的压力。比如，从北极发射的潜射弹道导弹10分钟内就可打到美国腹地的战略目标，其本土全部都在我核打击有效范围内，而且北极的恶劣气候及厚达数米的冰盖阻挡了包括海洋监视卫星在内的所有传感器对冰层下面情况的追踪与监视，能够使战略导弹核潜艇实现可靠的隐身效果，提高其生存率，有助于增强我二次核打击能力。在我陆基核力量遭受首波核打击后生存能力较弱和空基核力量远程突防能力不足的情况下，仍然可以确保我战略核威慑的有效性。

2. 降低来自主要对手的战略威胁

北极靠近美国本土，在这一地区如能保持力量存在，尤其是部署侦察监视系统后，将能够在第一时间对来自美国本土的重大活动实施有效监控，可通过以空间换时间，将我对其战略预警时间大大缩短。实际上，早在1946年，美国便开始在北极地区进行大规模考察；而后随着北约组织的成立，美国更是在从阿拉斯加到冰岛的漫长北极线上建起了弹道导弹预警系统，部署了相当规模的远程相控阵雷达、战略核潜艇、弹道导弹和截击机，并联合加拿大成立了"北美空间防御司令部"。而我一旦在北极地区实现力量前沿存在，既可增加我进攻上的突然性，增大其战略预警难度，同时也可有效监控其战略动向，延长我反应时间，从而可以有效降低美国导弹防御系统对我形成的战略压力。

3. 强化海上力量战略预置

美国等主要对手在我面太平洋方向以岛链部署对我实施层层围堵遏制，对我海上兵力前出形成重大威胁。相对而言，南太平洋方向可作为主要突破口，从海洋环境、对手力量部署看，这一方向对手很难对我产生实质性约束力。但从现实看，我军远距离机动和作战能力受到限制较多，目前缺乏海外作战的基础，缺乏远程物流运输能力，而且只有基础的卫星覆盖。一旦时机成熟，发挥出我南极科考站、科考船具备的气象水文、网络通信、天地交互、后勤支援等相关支持能力，实现战略性机动兵力在南极周边保持常态化存在，将可极大丰富我整体力量部署模式，不但有利于我应对整个南半球战略态势，而且还可与其他战略方向力量形成呼应之势，在我海外利益日益增多的态势下，便于我在全球范围内提高应对海外突发事件的快速反应能力。

五、政治价值

极地地区虽然具有巨大的潜在价值，但由于其极端恶劣的气候条件，加上当前科学技术水平的限制，目前各国争夺极地的政治意义大于经济利益。

彰显大国实力。无论是极地科考还是极地资源开发，都需要巨大的财力和物力支持，只有大国和富国才有能力进行。目前，参与极地争夺的国家，除了极地周边的国家外，主要是几个大国表现比较积极，广大发展中国家是没有这个实力的。因此，参与极地争端，是一个国家综合能力的体现，从政治上讲有利于彰显大国实力。

争夺国际话语权。时至今日，极地已经成为了一个涉及国家众多的重要国际议题，相关国家围绕各自极地战略目标展开的博弈日益加剧。北极地区国家包括俄罗斯、美国、加拿大、挪威、瑞典、芬兰、丹麦和冰岛8个国家；对南极地区提出领土和主权要求的国家有英国、法国、澳大利亚、挪威、智利、阿根廷和新西兰7个国家。极地资源本应是全人类共有的资源，但现实中无论是环北极国家还是《南极条约》协商国，成立组织、制定条约，其实都是在争夺国际话语权，希望能在未来的资源分配中获得优势地位。

第三章

极地相关规则、多边合作组织

考虑和筹划极地问题，离不开现有的各类极地事务框架，包括条约、组织和其他一些合作机制。对我国这样一个参与极地活动相对较晚的国家而言，更应该充分研究分析现有极地规则和多边合作机制的内容特点，处理好相互关系，使其为我所用。

一、北极地区相关规则、多边合作组织

从全球和地区两个层面，北极地区相关国家都已经制订了大量的国际条约或者协议。其中，又以《联合国海洋法公约》和《斯瓦尔巴德群岛条约》两个国际条约为主要准则。在多边合作组织方面，北极理事会发挥着主要作用，很大程度上可以决定极地事务。

（一）北极地区相关规则

1.《联合国海洋法公约》

为制定一项新的、全面的海洋法公约，1973 年 12 月 3 日，经过三年多的筹备，联合国海洋法会议在纽约召开。从 1974 年 6 月在加拉加斯举行第二期开始，各国开始讨论实质性的问题。此次会议由 150 多个国家参加，截至 1982 年最终通过了《联合

国海洋法公约》。到 2010 年为止，已经有 161 个国家或实体批准此公约。

《联合国海洋法公约》被称为"海洋大宪章"，共 320 条，9 个附件。虽然该公约并不是针对北极地区而专门设计的，但是由于其内容包含了领海和毗连区、用于国际航行的海峡、群岛国和群岛水域、专属经济区、大陆架、公海、岛屿制度、闭海或者半闭海、内陆国出入海洋的权利和过境自由、国际海底区域、海洋环境保护、海洋科学研究、海洋技术的发展和转让、争端解决和国际海洋法法庭规约等方面的内容，具有普遍性。因此，该公约对相关海域的划分和法律地位的规定适用于北极地区。根据《联合国海洋法公约》，北冰洋沿海国可以对北极地区的几个区域主张主权或者拥有管辖权：领海基线与大陆之间的内水水域；12 海里的领海海域；200 海里的专属经济区；以及陆地向海洋自然延伸的大陆架部分。其中，内水和领海成为一国领土的组成部分，专属经济区和大陆架则不属于沿海国领土。

目前，没有任何一个北冰洋沿海国家的大陆架可以延伸至北极点，因此其周边为冰所覆盖的北冰洋应作为公海，应实行公海自由原则。划分大陆架界限后的海底区域属于国际海底区域，属于人类共同继承的财产。该地区成为了地球上尚未被人类充分利用的潜在战略资源基地，具有重大的战略意义，该地区由国际海底管理局负责管理和开发，任何一国都不能对其宣示主权。

《联合国海洋法公约》的适用性已经得到北极国家的认可，各国也决定在其框架内以和平磋商解决北极领土和自然资源归属的纠纷。

2. 《斯瓦尔巴德群岛条约》

1920 年 2 月 9 日，挪威、美国、英国、丹麦、瑞典、加拿大等 18 个国家签订了《斯瓦尔巴德群岛条约》，承认挪威对斯匹次卑尔根群岛具有充分及完全主权。各缔约国的公民可以自主进入该地区，但活动受挪威法律管辖。1925 年，中国、苏联、德国、芬兰、西班牙等国家也加入该条约。斯瓦尔巴德群岛在北极圈内，位于北冰洋上的巴伦支海和格陵兰海之间，其北面是北极点，南面是斯堪的纳维亚半岛，东面是格陵兰岛，西面是俄罗斯。

该条约使得斯瓦尔巴德群岛成为了北极地区第一个，也是唯一的一个非军事区。条约承认挪威对该地区具有充分和完全的主权，并规定这一地区用于战争目的。缔约国的公民可以自由进入，并在遵守挪威法律的范围内从事正当的生产和商业活动。由此，各国的科学家在该地区建立了一大批极地科考站和研究所，开始对北极进行了全方位的科研活动。

从根本上看，北极问题的解决取决于大国之间的博弈。作为一个政治大国，在北极地区我国完全有能力参与符合自己发展需求的事务。1996 年，我国批准了《联合国海洋法公约》，同时作为《斯瓦尔巴德群岛条约》的缔约国，我国可以利用公约和多边合作制度维护我在北极地区的国家权益。

（二）北极地区多边合作组织

北极地区的多边合作组织主要有北极理事会、国际北极科学委员会、联合国政府间气候变化专门委员会、北冰洋科学委员会和国际极地基金会等。

1. 北极理事会

北极理事会成立于 1996 年，其根本目标是维护北极地区的可持续发展。其重点关注的是北极地区的环境、社会和经济领域，同时致力于探讨北极开发和环境保护合作措施等问题。因此，北极理事会的一项中心议题就是环境的监测与评估，并不处理有关军事安全的事务。

北极理事会下设六个专家工作组，主要成员国除了北极八国之外，还有六个北极本地社群代表在北极理事会中有永久参与的议席。此外，北极理事会设立了正式观察员国（永久观察员国）以及临时观察员国（特别观察员国）。

2011 年北极理事会部长级会议上通过了《北极搜救协定》，就成员国应该承担的北极地区的搜救区域和责任进行了界定。2013 年通过了《北极海洋油污染预防与应急协定》，推进制定其他关于石油污染预防的协定。当前，北极理事会在北极地区的影响力已经越来越大，工作的成果已经得到地区内政府的承认。

2. 国际北极科学委员会

国际北极科学委员会属于国际非政府组织，于 1990 年成立。根据其章程的明确规定只有国家级别科学机构的代表，才有资格代表所属国家参加该组织的活动。

国际北极科学委员会在"和平、科学、合作"等相关原则的基础上，积极协调指导各国的北极考察活动，并针对重大科学问题来制定国际合作的计划。同时，对北极的生物资源、矿产资源、能源及环境实施有效的保护。该委员会为不同国家和地区的科学家们提供了交流合作的机会。1996 年，中国成为其正式成员国。

3. 北冰洋科学委员会

北冰洋科学委员会成立于 1984 年，其目的是协调从事北冰洋及其附近海域研究的各国研究机构的项目，属于由国家级别研究机构组成的非政府组织。

作为负责组织和领导北冰洋地区的科学研究机构，该委员会每年举行会议，以便加强国家间的信息交换、国际合作等。北冰洋科学委员会的主要任务是：保证相关研究信息的传播与交换，并以此建立起通信渠道和信息网络；推动北极科学团体和相关单位之间的互动，推动科学研讨等相关事务；启动和维护观测系统等。

除了上述合作机制之外，北极地区的其他有影响力的国际组织还有北方论坛、国际海事组织、巴伦支—欧洲北极理事会以及新奥尔松科学管理委员会。

北极地区相关规则和多边合作机制给我国带来机遇的同时也带来了很多挑战。

经济安全方面。北极地区的自然资源储量对我国未来经济的可持续发展关系重大。同时，北极开发和北极航道的开通带来了巨大的经济和安全利益，必然会给我国的造船业带来新的发展机遇。北极八国中有七个是欧美经济发达国家，而北极地区人口稀少，经济类型较为单一，活动相对也不够活跃。北极地区相关规则和多边合作机制促进了我国与北极地区国家的联系，为我国"走出去"战略的进一步实施提供更为便利的国际环境。但同时，随着各国在北极地区相关利益的诉求增加，对我国来说，还需要积极对环北极国家的法律法规等相关投资条件进行详尽研究，及早消除北极开发可能会带来的阻力，应对好挑战，维护我国的经济利益。

环境安全方面。在当前我国制定国际议题和国际规则能力比较有限的情况下，北极治理问题可以作为一个增强我参与权和话语权的一个重要舞台。北极地区的环境保护和治理问题具有全球性的特点，我国等近北极国与北极国家甚至非北极国家需要加强合作来应对潜在的问题和各种现实情况，比如北极地区脆弱的生态环境应对问题，早已经超出了一国所能行动的能力范畴。我国可以借此来发挥作用，要求国际社会进一步加强国际合作，积极构建北极环境治理的多边合作机制。

科研安全方面。作为一个近北极地区国家，北极自然环境的变化对我国有着直接的影响，我国必须要给予重视，为此，需要加强对其环境变化的跟踪，认真进行研究和应对。北极地区现有合作机制以及相关规定中，明确提出了加强北极合作共享研究成果。我国可以利用这样的平台加强与他国以及国际组织的合作，获取相关研究成果，为国家利益服务。但同时，由于我国在北极地区的科考起步较晚，也不属于北极八国，这在很大程度上制约了我对北极科考活动的深度参与。

二、南极地区相关规则、多边合作组织

南极地区因其恶劣的自然环境，长期以来一直属于无人居住地区。随着对其自然资源的开发和地区探险的发展，对南极主权和资源的争夺逐步计划。出于避免冲突，以保护南极的生态环境和脆弱的生态系统为目的，在美国的倡导下，各国签署了《南极条约》，并以此为基础，《南极条约》的协商国先后制订了《南极动植物保护协定》《南极海豹保护公约》《南极海洋生物资源养护条约》《南极矿物资源养护公约》《关于环境保护的南极条约议定书》等约 200 项议案和措施，这些条约、公约和协定形成了南极条约体系，成为国际社会处理南极事务的主要法律依据和机制。

南极地区的相关规则和多边极地合作冻结了各国对南极领土的争夺，限制了对南极自然资源的开发。因此，南极科学考察成

为维护一个国家在南极地区权益的基础，对南极地区的科学考察和研究成为目前各国在南极的主要活动，也是各国实现国家利益的现实手段。同时，南极是目前不受任何一国支配的地区，根据《南极条约》规定，只有在南极开展实质性科学研究活动的协商缔约国才有权在有关南极议题上进行投票表决。

中国进入南极科学考察开始于 20 世纪 80 年代初，与早期开展南极科学考察的国家相比要晚了 100 多年。但是在中央的总体部署和相关部门的积极努力下，中国的极地事业得到了快速发展。在短时间内，中国广泛开展了极地气象学、地球学、生物学、冰川学、地质与地球物理学、海洋学、测绘学、环境科学等多学科考察，取得了令人瞩目的成绩。这为争取、维护和提升中国在南极地区应有的地位和权益奠定了坚实基础。

从 1983 年开始，中国相继取得了南极条约缔约国、南极条约协商缔约国、南极研究科学委员会、国家南极局局长理事会和南极海洋生物养护委员会等组织的成员资格，为中国参与南极治理奠定了重要的基础。中国在南极的科学考察和组织参与，巩固了中国在南极地区的"实质性存在"，也为当前的南极治理和未来的国家利益诉求奠定了重要的基础。

目前，在南极事务上，除了各缔约国之外，还有联合国和许多诸如"绿色和平组织"等非国家行为主体，这些组织对南极目前的治理和未来发展具有不可忽视的影响。由于南极地区治理涉及的利益和矛盾众多，因此对中国来说，可以充分利用这些矛盾来维护自身在南极的合法权益。作为一个发展中国家，又是一个政治大国，中国既要维护自身的发展权益，还要在南极事务中代表广大发展中国家的心声。

（一）南极地区相关规则

目前来看，影响较大的条约主要有以下三个：

1.《南极条约》

国际社会围绕南极的最主要争夺是对南极的领土主张和资源开发。从 1908 年英国率先提出对南极的主张开始，新西兰、法国、澳大利亚、挪威、智利、阿根廷等国先后提出了对南极的领土主张。第二次世界大战后，各国的南极领土争夺具有加剧之势。然而由于南极资源开发的经济技术难度极大，南极地区的生态环境极其脆弱，使得这样争夺的现实价值并不大。

出于避免冲突和保护南极生态环境的考虑，在美国的倡议下，英国等 12 国于 1959 年 10 月 15 日在华盛顿召开会议，通过了《南极条约》。该条约于 1961 年 6 月 23 日正式生效。随后在 1991 年的南极条约协商会上，将该条约延长 50 年，到 2041 年 6 月 22 日有效期满。

只要各国承认并且愿意遵守南极条约体系所规定的责任和义务，都可申请加入南极条约体系，成为缔约国。南极条约体系规定，南极应该只用于和平目的，并应禁止进行任何一切具有军事性质的措施，包括建立军事基地、进行军事演习和武器试验等；遵照"和平""科研""合作"的三项基本原则，提倡在南极地区的科研考察和国际合作；在条约的有效期内，不承认、不否认、不争论对南极已经提出的任何领土主权要求，并不能提出新的领土主权要求。

当前，该条约体系包括了 50 个缔约国，其中有 28 个协商国和 22 个非协商缔约国，既包括了发达国家，也有发展中国家，以及 5 个联合国常任理事国。

2. 《南极海洋生物资源养护公约》

从 20 世纪 70 年代开始，越来越多的国家开始对南极海域的海洋生物资源进行大肆捕捞。南极地区的生态失衡引发了各国越来越多的担忧。

首先是对于磷虾资源的过度捕捞，严重威胁了南大洋的生态平衡。如何避免各国对南极磷虾进行无序和过度的捕捞，成为了南极条约协商国的迫切任务。1980 年 5 月，在堪培拉会议上通过了《南极海洋生物资源养护公约》。该条约于 1982 年 4 月 7 日正式生效。

该公约规定了三个原则：一是任何被捕获群的种群量不应低于确保年最大净增量的水平，用以防止其数量低于保证能使它稳定补充的水平；二是维护南极海洋生物资源中被捕获的种群、从属种群和相关种群之间的生态关系，以使枯竭种群恢复到能稳定补充的水平；三是为防止在未来 20—30 年内南极海洋生态系统发生不可逆转的变化或尽可能减少这种变化，持久地保护南极海洋生物资源，应充分考虑到捕捞对海洋生态系统直接和间接影响，引进的外来物种影响和有关活动的影响，以及环境变化的影响。

同时，还应注意到，《南极海洋生物资源养护公约》的第 4 条规定，即在条约有效期内，各国采取的任何行动或活动都不应该包括以下几点：一是构成在《南极条约》区内主张、支持或否认领土主权要求的基础，或者在条约区内创立任何主权权利；二是解释为缔约国在公约适用区内放弃或削弱或者损害依照国际法行驶管辖权的任何权利、主张或是这种主张的国际法依据；三是解释为损害任何缔约国承认或者不承认这种权利、主张或者这种主张的依据；四是影响《南极条约》第四条第 2 款，即在《南极条约》有效期内不得对南极洲提出任何新的领土权利要求或者扩大现有要求的规定。

该公约的这些规定有效地安抚了主权国的要求，也保护了非领土要求国所主张的在南纬60度以南的公海上航行自由的权利。

3.《关于环境保护的南极条约协定书》

1991年10月在马德里举行的第11届南极条约协商国特别会议第四次会议上，相关国家签署了《关于环境保护的南极条约协定书》及其六个附件，于1998年开始正式生效。

《关于环境保护的南极条约协定书》的主要内容是加强对南极生态环境的保护。早在20世纪70年代，一些成员国曾经试图就南极的矿产资源和环境保护达成协议，但是由于对南极生态环境的重视，协议未能生效。在该协定书的第2条明确规定，各缔约国要承诺全面保护南极环境以及与其相关的生态系统，特别是将南极设定为自然保护区，其主要用途是用于和平与科学。可见，该协定书规定的保护区超过了《南极条约》所规定的范围。

此外，《关于环境保护的南极条约协定书》的第7条和第25条明确规定了协定书的核心内容是禁止矿产资源开发。其中，第7条明确规定，在有效期内，除了可在相关地区内进行与科学相关的活动外，应该禁止任何有关矿产资源的活动；第25条规定"如果从本议定书生效之日起满50年后，任何一个南极条约缔约国用书面通过保存国的方式提出请求，则应尽快举行一次会议，以便审查本议定书的实施情况。"这也就意味着有关南极地区矿产资源的开发活动至少应该在协定书生效50年之后才能提上议事日程。

上述条约给中国参与南极事务带来了诸多挑战。一方面是外部安全挑战。由于《南极条约》只是暂时冻结了各国对南极领土的主张，但是南极领土的根本矛盾并未得以解决。随着经济的发展以及各国在经济发展过程中所面临的日益严峻的资源问题，随时可能引发领土主权之争。这会导致南极地区更大的地缘政治争夺压力。一些看似遥远与我国无关的争议也会影响到中国外部环境的安全。另一方面是经济和环境安全挑战。我国是一个人口大国和资源大国，但属于人均资源相对贫乏的国家。随着未来我国人口的增长、经济的增长和城市化的推进，我国所面临的资源问题将会越来越突出。由于南极地区独特的地理位置和在全球生态环境中的重要地位，其在我国经济环境议题中将扮演越来越重要的角色。但由于发达国家对南极地区的科学考察和资源勘探早于中国，在相关游戏规则制定、运行中往往占得先机，并以此对我进行干扰。如2014年10月31日，在澳大利亚闭幕的南极洲海洋生物资源保护委员会（CCAMLR）会议上，美欧等国就试图第四次推动一项旨在建立南极海洋保护区的计划，在涉及230万平方千米的南极海域禁止捕猎一些虾和鱼类，实际上主要针对我国。虽然最终被中俄联手抵制，但在极地领域的竞争博弈平台大多为其他国家所主导，可以预见，今后我们还会面临更多类似的挑战。

（二）南极地区多边合作组织

在南极条约体系的基础上，形成了众多多边合作组织。这些组织为南极科学考察，保护南极的生态环境以及维护自身权益提供了重要保障。其中最为重要的是南极条约协商会议、南极研究科学委员会和国家南极局局长理事会。

1. 南极条约协商会议

南极条约协商会议属于国际政府间管理南极政治事务的组

织。根据《南极条约》规定，各缔约国需要定期举行会议，相互通报情况，共同协商南极事务。该组织在拟定、审议并推荐促进实现《南极条约》的原则和具体措施的同时，还应就专门问题进行不定期的协商会议。

南极条约协商会议在第 16 届之后改为每年召开一次。从 1998 年起，该组织由全体会议、常设委员会和工作组会议三个部分组成，而其中只有全体会议为定期召开。2003 年，在原有法律工作组和责任工作组的基础上，协商会议增加了组织制度工作组和运行事务工作组，分别用于讨论法律问题，对南极环境损害的责任与赔偿问题，组织制度问题以及实际运行事务问题，并且为讨论南极旅游问题，专门设立了南极旅游问题特别工作组。

根据《南极条约》第 9 条第 2 款的规定，加入条约的缔约国，在开展实质性的科学研究，并表现出对南极的兴趣时，才能给予协商国资格。但在南极建立全年性的科学考察站，不仅需要技术上的调整，而且费用也相当昂贵。南极条约协商国的代表共同做出有关南极事务的相关决定，南极条约的缔约国没有表决权而只能参加会议和讨论。因此，任何一国想要在南极事务中发挥作用，必须取得条约协商国的资格。而南极条约缔约国一旦停止在南极的活动，有可能会失去协商国的资格，因此也就限制了一些国家获得协商国资格的机会。

南极条约协商会议是处理南极事务中最重要的组织，其结果决定了南极事务的重要原则和发展前景，将直接影响各国在南极的活动和权益。

2. 南极研究科学委员会

南极研究科学委员会是负责管理该地区科学事务的团体，是国际南极科学研究的最高学术权威机构。该团体负责指导、促进和协调南极科学活动、制定和审查具有极地意义的科学规划。

该团体要求各国组织都要依附于国际科学理事会，由主席、副主席和秘书组成，设有财经小组以及若干工作组和专家组。在2002年之后，原有的工作组整合成为生命科学、地球科学和物理科学三个常设综合科学组。

南极研究科学委员会的行为准则为：一是促进帮助南极研究中所获得科学知识的传播；二是在科学规划的制定中，将注重对国际科学联合会各组织及其他科学组织的全球规划的可能贡献，包括可以同南极研究活动有关的任何国际组织建立联系并进行合作；三是不卷入包括对可利用资源管理办法的制定等任何政治和司法问题；四是根据南极条约协商会议或其他国际组织的要求，从科学和技术上提供咨询；五是对有关南极陆地和海洋生态保护的科学事宜进行审查。

南极研究科学委员会负责的是南极地区的科学考察站和研究，而南极条约协商会议主要负责南极地区政治和法律事务，两者相辅相成，维护南极条约体系的稳定，促进南极地区的和平。

3. 国际南极局局长理事会

国际南极局局长理事会成立于1988年，由各国主管南极事务的部门负责人组成。

根据2008年通过的宪章规定，该国际组织的主要使命就是：一是作为一个论坛开发能够以一种对环境负责的方式，其目的在于提高南极活动效率；二是促进和推动国际伙伴关系；三是提供信息交换的机会和平台；四是向南极条约体系提供专家性、技术性的建议。通过此来履行在南极体系中的作用保护南极环境。

国家南极局局长理事会的最终决定权是各国南极局局长大会。该会议采取一致同意的原则，在年度大会上进行。并由各国南极局局长选举1位理事会主席和5位副主席，任期为3年。主席、副主席和国际南极局局长理事会确定的其他成员组成一个执行委员会。

　　该组织的成员资格对所有签署《南极条约》并且批准《南极条约环境议定书》的缔约国的南极局开放。每个成员必须遵守国家南极局局长理事会的宪章和议事规则。

第四章

极地相关争议问题

一、北极领土主权问题

北极的陆地分属于北冰洋沿岸国家，包括俄罗斯、美国、加拿大、丹麦和挪威，即"环北极五国"。国土进入北极圈的国家还有瑞典、芬兰和冰岛。

相关国家在北极领土主权归属问题上的矛盾和争端除了汉斯岛问题，其余主要体现在海区划界上。北极五国都极力将其领海和专属经济区向北冰洋扩展，试图占有更广阔的海域，以获得更多的自然资源。

（一）白令海峡控制线之争

美国与俄罗斯在白令海峡的控制界线被俄罗斯称做"谢瓦尔德纳泽线"。1867年3月30日，美国、俄罗斯关于《购买阿拉斯加条约》的第一条规定了双方在阿拉斯加的海上界线，即自北纬65度30分、西经168度58分37秒的起始点，海上边界线沿西经168度58分37秒向北延伸，从白令海峡及楚科奇海中间穿过，到达北冰洋，至国际法所允许的最远处。后来，这一点成为了美苏海洋划界条约的起点。冷战时期，美苏双方经常派舰船在白令海峡地区活动，相互侦察，时有冲突发生。1990年6月，苏联派外交部长谢瓦尔德纳泽赴美与美国务卿贝克签署了俄美两国划分白令海峡和楚科奇海专属经济区控制界线的条约。条约规定，俄美两国在白令海峡和楚科奇海域的经济区交界线距苏联海岸约 150 海里，距美国海岸约 250 海里。1991 年 9 月 16 日，美国国会全票批准通过了这一条约。但当时的苏联包括后来的俄罗斯一直都没有批准这一条约。

俄罗斯认为，苏联与美国制定的白令海峡控制界线没有按照国际法和国际惯例，以中间线来划分俄美之间的海域控制线，认为这一条约使俄在白令海峡和楚科奇海域失去了 2 万平方千米的专属经济区。因此，俄罗斯不愿承认这一条约所规定的界线是俄美海界，而仅称其为"谢瓦尔德纳泽线"。俄罗斯于 2002 年要求修改该控制线，但美国不肯让步。

（二）巴伦支海之争

巴伦支海是靠近斯堪的纳维亚半岛东北部的一片北冰洋海域，总面积 140 多万平方千米。其中，俄罗斯和挪威有争议的区域包括从俄罗斯的新地岛到挪威斯匹次卑尔根岛之间约 17.5 万平方千米的海域。这片区域不仅鱼类资源丰富，而且海底还蕴藏着丰富的石油、天然气资源。

自 20 世纪 70 年代起，俄罗斯、挪威两国在巴伦支海的划分问题上就开始争论不休。俄罗斯坚持按照扇形原则，在陆地边界线中间，沿子午线到北极点划界；挪威则坚持按照中间线原则划界。2010 年 4 月 27 日，俄罗斯和挪威就巴伦支海划界问题达成协议，双方同意将巴伦支海 17.5 万平方千米争议海域分成大致相等的两部分，东侧归俄罗斯，西侧归挪威。此次协议解决了两国之间长达 40 年的争端。

（三）罗蒙诺索夫海岭之争

罗蒙诺索夫海岭是一条位于北冰洋中部洋底的海底山脉，从新西伯利亚群岛，沿东经 150 度至北极点附近，沿西经 120 度延伸至埃尔斯米尔岛，长约 1800 千米，宽 60～200 千米，平均高出洋底 3300～3700 米。北冰洋的北极海就是以这条海岭分界为欧亚海盆（南森海盆）和美亚海盆（加拿大—马卡洛夫海盆）。围绕这一海岭而来的争端主要来自俄罗斯、加拿大和丹麦。

俄罗斯科学家曾宣布，根据其从北冰洋洋底采集到的土壤标本进行的研究，罗蒙诺索夫海岭是西伯利亚大陆的自然结构延伸，与俄罗斯内陆是连在一起的。2007 年 8 月 2 日，搭乘俄罗斯深潜器的俄罗斯北极科考队员在 4300 多米深的北极点洋底，插上了一面钛合金的俄罗斯国旗，并宣布罗蒙诺索夫海岭是俄罗斯大陆的自然延伸，北极地区的 120 万平方千米的海底面积应该归属于俄罗斯所有。

出于同样的考虑，加拿大也一直在试图证明罗蒙诺索夫海岭是其大陆架的自然延伸。在发生俄罗斯海底插旗事件后，加拿大反应强烈。作为回应，加拿大当月就在北极地区开展了军事演习，总理哈珀亲自到演习现场观摩。

丹麦称该海岭为格陵兰岛大陆架向北的自然延伸，其科学家认为，罗蒙诺索夫海岭在地理上与丹麦格陵兰岛相连，这条海岭从格陵兰岛一直延伸到东西伯利亚海域。

（四）汉斯岛之争

目前，北极陆地的领土主权争端主要是加拿大和丹麦之间关于汉斯岛的主权归属问题。汉斯岛长约 3 千米，宽约 1 千米，位于加拿大与格陵兰岛之间的内尔斯海峡，面积只有1.3平方千米，但因为涉及北冰洋地区的航线及石油资源开发问题，具有重要的地缘战略价值。1973年，加拿大、丹麦两个就内尔斯海峡达成了通过中间小划界的协议，但对中间线附近的汉斯岛没有明确归属，为日后的争端留下了隐患。

丹麦主张汉斯岛从地质学上判断是格陵兰岛的一部分，而且更靠近格陵兰而不是加拿大埃斯密尔岛，因此拥有汉斯岛主权。加拿大则称汉斯岛最早是英国发现，作为原来的英国殖民地，加拿大应该继承对汉斯岛的主权。

汉斯岛的归属影响到周边海域专属经济区、大陆架甚至是北冰洋方向200海里外大陆架划分问题。为此，加拿大和丹麦两国就汉斯岛的主权归属问题一直争执不断，纷纷采取登岛、插旗、立碑等方式来显示其主权。2003年6月，丹麦宣布拥有汉斯岛主权，并派军舰多次停靠该岛，并在岛上竖起了丹麦国旗。加拿大当时没有可以到达汉斯岛的破冰船，只能通过外交渠道表示强烈反对，称丹麦所为是对加拿大主权的严重侵犯。2005年7月，加拿大也采取了类似的行为，派军队登岛插旗，其国防部长也登上了汉斯岛。此举引发了丹麦的强烈回应。为缓和矛盾，2012年11月两国外长签订了一份划界协议，明确划分了两国在北冰洋海域的边界，并就汉斯岛归属问题展开谈判。

二、北极航道问题

由于北极航道具有潜在的经济和地缘战略价值，北极周边国家纷纷采取措施，强化对北极航道的管辖和控制。美国将两大航道定位为国际航道，宣称过境通行制度适用于北极航道，表示保留在北极地区航行、飞行自由权利。这一主张得到了多数非北极国家的支持。但俄罗斯和加拿大分别主张东北航道和西北航道是两国各自内水，并出台了国内立法来宣示其对两大航道的管辖权。俄罗斯和加拿大试图对北极航道实施单方面控制引发了包括非北极国家在内的世界上多数国家的不满。

（一） 西北航道问题

西北航道东起巴芬岛以北，由东向西，经加拿大北极群岛至阿拉斯加北美的波弗特海，全长约 1450 千米，是连接太平洋和大西洋的最短海上航线。这条航线发现于 19 世纪中叶。

加拿大政府自 1880 年从英国手中接过北极群岛后，从 1903 年起就开始在北极群岛水域开展探险和训练，宣示其对于西北航道的主权。1970 年，加拿大政府正式宣布西北航道既不是国际通道，也不是公海，认为西北航道没有商业航行的历史，不符合国际海峡的法律标准。1973 年，加拿大宣称西北航道是其国内水道，拥有其主权。但美国、俄罗斯等国家对此表示不认可，反对加拿大将其据为己有，认为西北航道大部分属于国际公海水域，各国都有权过境通行。

加拿大对西北航道的独占政策引起了国际上多个国家的不满和反对，包括美国、欧盟在内的西方国家都认为，北冰洋水域是国际水域，不应该归任何一个国家单独所有，西北航道也是国际水道，不应该被加拿大独占。

在遭到多个国家的强烈抵制后，加拿大也做出了一定程度的让步。1994 年，加拿大外长表示，加拿大无意对其他国家关闭包括西北航道在内的北极水域，但是任何航行必须征得加拿大同意，并服从加拿大法律，特别是《北极水域污染防治法》。实际上是一种主权归我、允许通行的政策。

2007年8月，美国总统布什利用与加拿大之间举行的年度北美峰会时重申，美国坚持西北航道属于国际航道。2008年8月，加拿大总理哈珀在北极地区波弗特海沿岸举行的新闻发布会上宣布，所有通行西北航道的船只必须在加拿大海岸警卫队登记备案。

截止到目前，加拿大从未有过关闭西北航道的实际举动。一方面是因为其独占政策受到其他国家的一致抵制，国际压力较大；另一方面是因为加拿大自身能力有限，缺乏能够在高纬度地区航行的破冰船和潜艇，无法保证其能够监控到在西北航道航行的船舶。

在实践中，国际社会对加拿大的西北航道政策采取了默认态度。大多数国家实际上是遵守了加拿大政府的管理制度，其中也包括美国的商船和公务船。

西北航道的未来走向，很大程度上取决于航道对外国船舶的吸引力和加拿大的航行控制力度。

（二）东北航道问题

东北航道西起冰岛，经巴伦支海、喀拉海、拉普捷夫海、新西伯利亚海、楚科奇海到东北亚白令海峡的航线。与西北航道类似，东北航道也不是一条固定通航的传统意义上的线性航道，实际上它是由若干段不同的航道组成，船只根据冰面融化情况选择具体航行线路。

苏联及俄罗斯大都将东北航道称为北方海航道，并通过国内立法、建立执法机关等措施，以加强对其有效管辖。《苏联百科辞典》中将北方海航道定义为"苏联在北极的海运航道，它位于北冰洋，连接苏联欧洲和远东港口，西起喀拉海峡东岛普罗维杰尼亚湾，长约 5600 公里"。1991 年，俄罗斯在其官方文件中将北方海航道定义为"位于俄罗斯内海领海（领水）或者毗连俄罗斯北方沿海的专属经济区内的海运线"。北方海航道西段始自新地岛北部的热拉尼亚角和新地岛海峡西部入口，东至白令海峡附近的普罗维杰尼亚湾。

从对北方海航道的定义可以看出，苏联和俄罗斯均没有把东北航道的巴伦支海包含在内海这一概念内，北方海航道应该被看作整个东北航道的一段组成部分。北极理事会发布的一份《北极海运评估报告》中，也特别对东北航道和北方海航道进行了区分，称"北方海航道连接了西边的喀拉海峡和东北的白令海峡，被苏联当作一条国内水路进行高度开发"，而东北航道则是西起冰岛，东至白令海峡的系列航线。

苏联和俄罗斯以"历史性水域"为依据，主张东北航道行经的相关海域为内水。但这一主张并没有一个系统、明确的正式宣告。1985 年，苏联部长会议 4450 号法令宣布了一系列海湾为"历史性海湾"，并且定义它们为"历史上就属于苏联的内水"，而其中的白海、巴伦支海以及喀拉海的部分水域就在北极海域。1997 年，俄罗斯批准加入《联合国海洋法公约》，同时宣布北方海航道上的冰封海峡属于俄罗斯内水，依据是相关海域为直线基线划定的历史性水域。1998 年俄罗斯颁布的《俄罗斯联邦的内水、领海以及毗连区法》中延续了苏联时期的相关政策，北方海航道的部分海域仍被认定为具有内水的法律地位。

但到目前为止，国际社会对整个北极航道的属性尚未明确，美国和俄罗斯还因东北航道中水域及海峡的法律地位问题发生过冲突。20 世纪 60 年代，美国和苏联曾因北方海航道问题发生过"伯顿岛号"事件、"北风号"事件以及"维利基茨基海峡"事件等激烈冲突。

迄今为止，国际社会对东北航道的属性还存在诸多争议，美国和俄罗斯也对该问题一直相持不下。美国一直主张航道冰封区域内的海峡是用于国际航行的海峡，应适用过境通行制。而俄罗斯则声称这些海峡的水域属于俄罗斯内水范围，相关海峡属于俄罗斯的内海峡，船只通行应受俄罗斯国内法的制约。

三、南极领土主权问题

相对于北极，南极争夺的激烈程度要低一些，其中很重要的一个原因是《南极条约》冻结了各国的主权要求，限制了各国的行动。早在 20 世纪初，英国、法国、澳大利亚、阿根廷、新西兰、挪威、智利等七个国家就对南极提出了主权要求，各自依据"发现原则""占有原则""扇形原则"等对南极大陆进行瓜分。但由于这些国家所主张的领土存在重叠，产生了矛盾纠纷，甚至还曾发生过小规模冲突。1952 年，英国和阿根廷就在霍普湾发生了军事冲突，有人将其称之为英阿马岛战争的预演。不过，这些国家对南极大陆的领土主张并没有得到国际社会的承认，尤其是两个超级大国美国和苏联都表示不承认各国在南极的领土要求，并表示保留提出本国南极领土要求的权利，这使得南极的领土争端更加复杂。

举办于 1957 年 7 月至 1958 年 12 月的国际地球物理年为缓解各国南极领土争端提供了一个机遇。活动期间，各国在南极科学研究的各个领域开展了广泛合作，营造了良好的国际合作氛围。1958 年 6 月，在美国的倡议下，在南极有直接利益的国家召开了一次预备性会议，讨论签订一份各国都能够接受的处理南极问题的协议。经过激烈讨论，12 个在国际地球物理年期间参与南极科学研究活动的国家于 1959 年 12 月，在美国华盛顿签订了《南极条约》。条约签订至今，已有 46 个国家签署了这一条约。不过，《南极条约》只是暂时冻结了各国的领土主权要求，对于资源开发等权利则没有界定。

四、南极资源开发问题

随着科学技术的发展和人类认识南极水平的不断提高，各国对南极的探索也越来越深入。尤其是南极内陆和毗邻海域所蕴藏的丰富矿藏资源和油气资源相继被发现，这使得各国对南极的关注度迅速上升，很多国家开始采取动作，试图在南极资源开发中占得先机，一些争端和冲突的迹象开始显现。

如何公平合理地处理南极资源问题，成为了南极政治问题中的一个核心议题。南极条约协商国集团经过多轮讨论，在 1988 年推出了一份《南极矿产资源活动管理公约》，以协调管理南极矿产开发。但这一公约最终流产，主要原因来自南极条约协商国内部，法国和澳大利亚因为自身要求没有得到满足，便拒绝签署该公约。从国际上来看，这份条约也是受到了广泛批评，特别是许多发展中国家，都表示了强烈反对。1991 年 10 月，南极条约协商国在西班牙马德里通过的《关于环境保护的南极条约议定书》最终禁止了任何形式的南极矿产资源开发，南极资源问题暂时告一段落。

随着北极地区尤其开发活动的不断加快，许多国家又开始关注起了南极资源开发问题。从目前来看，由于有《关于环境保护的南极条约议定书》约束，各国对南极资源的开发受到了明显制约，短期内南极资源问题不会出现大的反弹。但未来随着世界各国对能源需求越来越大，加之其他地区油气资源越来越少，南极资源开采问题必将再次被各国所关注。

第五章

相关国家极地战略动向及对中国影响

　　从我国国情出发，较之其他国家，极地对中国具有特殊的战略利益。随着综合国力的持续上升以及对极地的日益重视，我国对极地事务的参与越来越深层，以科考为代表的各项工作也在不断推动，国际影响力的提升以及与相关国家的合作加深更是为中国提供了越来越多的机遇。尤其是从安全视角看，极地在中国国家整体安全布局中的推动、牵引作用越来越明显，我国在极地领域的安全利益理应成为我国今后从事极地工作的核心要素。但同时，由于地理、历史和国际政治上的原因，我国在极地事务上起步较晚，我国在谋取、维护和拓展极地利益过程中，尤其是在整体筹划极地安全战略和一些规则制定、事务磋商、硬件建设等具体事务上，不可避免地面临日益复杂的外部压力与挑战。

　　相关国家极地主权争议不断，尤其是军事动作加剧，推动了极地军事化进程，给世界各国和平参与极地事务产生了诸多负面影响。

一、美俄极地战略动向

（一）美国

　　美国对极地地区的开发前景极为关注，并倾向于制定使其在该地区占有主导地位的战略。美国认为，以美国北部边界为底，以北极点为顶，以连接北极点和美国北部边界，其中的扇形区域为美国领土。据美国专家的估计，如果将美国控制的海洋和大洋中的所有岛屿计算在内，新并入的大陆架将使美国总面积迅速增加 410 万平方千米。最终美国的面积将超过幅员辽阔的中国、加拿大、甚至俄罗斯，成为世界上面积最大的国家。此外，美国还有望获得总价值为 1.3 亿美元的自然资源，其中仅阿拉斯加大陆架的石油资源就价值 6500 亿美元。

由于近年来加拿大和俄罗斯陆续在关于北极大陆架边界的声明进行讨论时，美国认为这也直接触及到美国利益。因此，美国认为必须强化在北极地区的政策，包括通过加入相应的国际机构和国际条约，通过此方式遏制直接竞争对手在北极地区进行"领土扩张"的必要条件。

为了保护美国在北极地区包括维护美国在北极海域以及其上覆空域的自由航行的权利在内的根本安全利益，以及合理地开发北极地区；促进对北极环境的科学研究；促进在北极的国际合作，早在 1983 年，美国北极政策小组就完成了一份《美国北极政策》报告，后由里根总统签署发布。在这份文件中就提出了美国在北极地区的政策。美国北极考察委员会于 2007 年公布了《北极海洋及气候变化为美国海军提供了舞台》，该报告指出了在北方航道问题上的矛盾是美国和俄罗斯关系之间的一个重大分歧。美国认为，北方航道上的海峡是过境运输的主体，属于国际水域，而俄罗斯却认为这些海峡是它的领海。该报告认为北方航道的这一严重分歧将会导致俄美之间的冲突。

在美国北极考察委员会提交的《2005—2008 年北极考察的目标和任务》的报告中也称其是一个北极国家，认为美国对北极的介入既是一种机会，也是对该地区负责，从而强调了美国在北极的地位。奥巴马在 2008 年 4 月在国会听证会上做出的报告声称，北极地区对于美国具有特殊重要性，美国应该尽快批准《1982 年联合国海洋法公约》。2009 年奥巴马政府在其《北极地区的国家战略》中详细阐述了在北极的三大政策目标：一是维护美国的安全利益；二是成为北极负责任的守护者；三是在北极地区加强国际合作。为此，该战略中还提出了确保和平与稳定、以信息为基础进行决策、寻求创新性协议以及与阿拉斯加原住民进行合作的指导原则。2009 年 5 月，美国海军决定成立"应对气候变化特遣部队"。该部队是一个跨部门组织，由多个海军参谋机构和军工企业组成，包括一个由海军海洋学家领导的"执行指导委员会"和几个高级工作组。其主要任务是就北极地区的气候变化问题向海军领导机关提出相关政策、战略、部队结构和投入等方面的针对性建议，以及全球气候变化方面的一般性建议。

伴随着全球气候变化而日益消融的北极海冰，已促使美国领导人及国际社会重新考虑该地区出现的新情况对国家安全事务的影响。考虑到近一个世纪以来在北极地区活动的经验，以及该地区环境变化对新国家政策、现行战略和地缘政治的影响，2009年美国发布了涉及其北极战略的第 66 号总统指令，第一条就从三个方面明确了美国在北极地区的国家安全利益，即：导弹防御与预警；部署海上战略补给、战略威慑、海事活动及海事安全所需的海空系统；确保航海和领空的飞行自由。

同一年，美国海军出台了北极路线图，明确了美国海军在北极地区的战略目标和指导原则，即建立牢固的合作伙伴关系，保持北极地区的安全与稳定；明确了为实现这些目标所需采取的行动，即通过作战与训练使美国海军成为一支维护北极地区安全稳定和发展的积极力量；海军能力发展计划，即发展相应的武器、平台、C^{4}ISR 系统、相关设施和装备，并能在恰当的时机、以合理的费用，满足作战指挥官在北极地区的行动要求。2011 年，美国国家海洋及大气管理局和美国海岸警卫队也推出了自己的北极战略构想，这四份战略报告构成了 2009 年至今的美国北极战略的主要内容。2013 年 5 月，美国发布了北极地区国家战略，美国国防部、海军、海岸警卫队等也相继发布各自的北极路线图。2013 年 11 月，美国国防部又出台首份《北极战略报告》。在这份报告中，美军提出了关于北极地区的 5 大战略目标和 8 项战略举措，明确美军在北极地区的安全利益、战略目标及相关战略举措，旨在为加强北极地区军事存在和争夺地区安全事务主导权提供顶层指导。2014 年和 2015 年，美国两次发布北极地区国家战略实施计划。从 2015 年以来，美国和北约每年都在北极地区举行万人规模的联合演习，包括舰艇飞机在内，还积极拉拢非北约成员国的瑞典和芬兰一起，参与其中。2018 年 3 月，美英的核潜艇还在北极地区举行了代号为"2018 冰原训练"（ICEX‑2018）的演习，演练在北冰洋海域发射潜射巡航导弹等科目，两艘美国核潜艇——洛杉矶级"哈特福德"号和海狼级"康涅狄格"号在演习中还进行了破冰演练，成功冲破冰层。

由此可以看出，一方面美国正在寻找对其他国家在北极地区的活动施加决定性影响的手段，另一方面也正在加深对北极的政治、经济和军事介入。其北极战略的目的在于巩固美国在北极地区的主导地位，加速对北极地区的自然资源的赢利性开发。针对加拿大提出的启用靠近阿拉斯加沿岸的西北航道和俄罗斯提出的使用北部航道，美国提出了北部航道和西北航道必须最大程度"国际化"的口号，认为通过此举可以获得自由使用这些海上交通要道的可能性。

在南极地区，美国也积极参与了早期的南极探险和考察。美国其政策一直具有连续性，一直在强调在不破坏南极生态环境的情况下，自由开发南极资源的可能性。《南极条约》签署后，美国对南极资源问题政策的表述更为详细，对其环境的保护也更为重视。

1965 年，助理国务卿哈兰·克利夫兰就在美国国会听证会上阐明了其南极政策：一是美国支持《南极条约》的原则，并且保证在南极的行动只用于和平的目的；二是鼓励在南极进行活动的各国之间的国际合作，并努力寻求在更多领域的进一步合作；三是将继续重视和支持只能在南极地区进行的科研项目，并继续对南极地区进行研究和调查。同时还认为，美国应该更加重视南极地区的矿产资源潜力和生物资源潜力，由于南极地区特殊的环境，在后勤和运输中强调技术性的问题。1970 年，尼克松总统在其南极政策中也提出了鼓励相关包括环境监测和资源预测及评估等科学研究项目的国际合作，保护南极地区的环境以及制定适当措施保证南极地区生物和非生物资源的合理使用。1978 年，美国国会通过了《南极保护法》。

美国作为《南极条约》的原始缔约国和南极事务的积极参与者，其立场一直也是有权在南极地区的任何开发中分得利益。随着南极地区资源开发的国际博弈加剧，美国政府还在加紧考虑如何面对资源和环境之间日益激化的矛盾。

（二）俄罗斯

由于拥有最长的北冰洋海岸线，因此俄罗斯对北冰洋主权和资源争夺的态度也最为积极。俄罗斯的经济结构特殊，石油、天然气等能源开采与输出在国家经济中占据突出的地位，对于俄罗斯来说，无论是经济发展还是政治状况都与石油、天然气具有密切的联系，尤其是对俄罗斯北部和西伯利亚的离岸地区来说，北极地区的发现显得尤为重要。为此，在 2008 年 9 月，俄罗斯出台了《2020 年前及长远未来俄罗斯联邦北极地区国家政策基本原则》，确定俄罗斯北极政策的主要目标、战略优先方向、基本任务和执行机制。由此，确定了包括界定大陆架边界、发展与"北方航线"相关的基础设施以及国际合作。同时，该战略还指出，北极应成为俄 21 世纪的资源基地，俄应使用包括军事力量在内的一切手段来"可靠保障俄罗斯在北极的国家利益"。这表明俄罗斯准备使用武力捍卫能源利益的战略原则已经具有了实质性内容。

为了实施这一战略，俄罗斯制定了一项三步走的计划。这项计划的第一步是 2008 年至 2010 年通过地质和地理手段确定俄罗斯在北极地区的疆域；第二步是 2011 年到 2015 年使得其在北极的疆域获得国际社会的承认；第三步是从 2016 年到 2020 年试图使北极成为俄罗斯的"自然资源战略基地"。到了 2020 年，对北极油气资源的开发是重要的国家目标，同时俄罗斯开始对北冰洋进行一系列的可靠活动。

为了保证北极长远规划的落实，俄罗斯又以边防军为主体，各军兵种协同行动，联合保卫北极地区的领土和资源。在《2020年前及长远未来俄罗斯联邦北极地区国家政策基本原则》第四章中指出，有必要"在北极的俄罗斯部分成立能在各种军事政治形势条件下确保军事安全的部队集群、军事组织和机构（首先是边防部队）"。因此在北极地区进行兵力部署的首要就是加强边防部队，加强北极地区的监控职能。2009 年以来，俄罗斯还对其北极军事政策进行了重大修改。一方面，俄国防部进一步细化了北极驻军的培训计划，一些辖区成立了熟悉高纬度地区作战的特种部队。俄罗斯的空军、隶属北方舰队的军舰和潜艇以及卫星加强了对俄罗斯北极领土的巡逻。

在南极地区，2010 年，时任俄罗斯总理的普京签署关于批准"俄罗斯 2020 年前后南极事业发展战略"的命令。与北极地区一样，俄罗斯将其在南极地区的事业发展战略分为三个阶段实施。第一阶段是从 2011 年至 2013 年，其在南极的主要任务是建成新的过冬房屋和南极科考站的冰雪起降跑道，并投入使用。同时使用新型的工作保障设备。第二阶段从 2014 年至 2020 年，继续对南极科考活动的基础设施进行现代化改造和技术更新，并进行跨部门的综合性研究。第三阶段从 2020 年至 2030 年，其主要任务是确保俄罗斯在南极研究方面的世界地位。此外，在 2020 年前重点开发南极地区的政府战略文件中，俄罗斯还计划重建相关科考站和季节性基地。

2013 年 12 月，俄罗斯总统普京表示，俄罗斯将在"有希望的地区"部署特殊军事力量，保护国家的安全和利益。北极地区一直是各国眼里的"肥肉"，这里有世界上 30% 的石油和天然气，还能提供连接亚洲、美洲和欧洲的海上航线。

从 2014 年 10 月 1 日开始，俄罗斯东部军区的军事部门已经开始试验性部署防空战斗值勤，并在北极弗兰格尔岛上开设了第一个舰队驻扎点。同时还将完成军事教堂的建设，这样可以供官兵和当地居民同时使用。这也是俄罗斯加强其在北极地区各领域存在感的实际举措之一，包括军事、政治、金融和经济范畴。此前，总统普京在 4 月份曾指示，要在北极部署由新一代潜艇和水面舰艇组成的统一防御系统，以加强边境管理，并成立新的国家机构落实在该地区的政策。

2014年12月，俄罗斯在北海舰队的基础上，组建了北极联合战略司令部，管辖俄罗斯在北极地区部署的所有部队。2018年3月，俄罗斯北方舰队的反潜机首次通过北极飞往美国海岸，这是俄罗斯首次通过北极飞往北美大陆。2018年5月，俄空军两架图—95轰炸机进入阿留申群岛北部美国防空识别区内，美国则出动了两架F－22升空应对。

（三）美俄极地战略动向给中国带来的挑战

美俄等大国近年来纷纷出台了在极地的政策和战略，给中国维护极地利益带来挑战。

一方面，来自极地，特别是北极的安全风险增大。北极地区气温上升，北冰洋的海冰面积大大减少，美国、俄罗斯在该地区的海面机动和控制能力增强，战略核潜艇在北冰洋的活动也更加活跃。美俄在极地战略中加强了军事领域的竞争，使得北极地区由一个相对平静的海域演变成为国家之间的竞争海域。在传统安全领域，对我国安全的影响正在扩大。一方面是由于在美俄的极地政策中的相互竞争和争夺导致安全局势紧张；另一方面是由于美俄利用极地尤其是北极气候变化加速推进战略力量部署导致战略压力增大。尤其是美国在北极地区部署了导弹防御系统，同时美国和其盟友在北极地区由于气候变暖使得这样的防御系统更加容易，这对我国安全的不利影响更为明显。不仅扩大了中美之间战略力量的不对称性，使我国处于战略被动性，而且能不断压缩中国在北极地区的战略空间，损害中国的合理安全利益。

另一方面，美俄在极地战略中加大对自然资源的开发和研究，在非传统安全领域，对中国在极地的能源安全利益、科研利益等方面的挑战增大。中国处于经济高速增长时期,工业化节奏加快,对于自然资源特别是油气资源的依赖越来越大。目前,中国的石油进口的主要来源是中东和非洲,极地特别是北极地区探明的油气资源对未来能源供给有着重大影响。此外,北极地区航道的开放将改变中国对外运输的格局,增加中国对外交往的途径,缓解中国对印度洋航线的依赖。但是美俄在战略中将航道放在了重要的位置,这需要中国加大对航道通行相关的法律、制度等方面的研究,需要不断加强同相关国家的合作,使得北极地区地缘政治形势的复杂性,给中国处理相关国家的关系增加难度。美俄一直以来都极为重视南极地区的发展战略,并加大其对于科考站及设备保障方面的发展力度。这也必然对中国在南极地区的科考工作造成影响。

二、其他相关国家极地战略动向

(一) 加拿大

加拿大政府于 2009 年 7 月 26 日公布了《加拿大的北方战略:我们的北方、我们的遗产、我们的未来》提出:"加拿大遥远的北方地区是加拿大十分重要的组成部分——它是我们的遗产、我们的未来和我们的国家认同。……国内外对北极地区的兴趣不断上升,更突出了强调加拿大对北极地区国内外事务施加有效领导的重要性,以符合加拿大利益和价值观的方式促进北极地区的繁荣和稳定。"

在加拿大的北极战略中,强调了其要在经济、社会和环境等方面加强对其北极领土的管辖。对于北极领土争端,加拿大希望能通过寻求和平方式来解决。因此,对北极地区相关事务,合作、外交以及国际法是其处理问题考虑的主要因素。

在其北方战略中，加拿大明确了其在北极国际合作问题上的主要合作对象为北极地区的邻国和北极理事会。其中，尤其重视与美国的合作，也注重同俄罗斯的双边合作。同时，还强调其与挪威、丹麦、瑞典、芬兰、冰岛等北极邻国的共同利益，力求与北极地区其他国家的合作。另外，加拿大还强调了与非北极国家和北极理事会等多边对象的合作。

在合作的同时，加拿大还强调其在北极地区的军事准备，更要在北极地区保持长期的军事存在。为此，加拿大在北极冻原投放更多的陆军，向北极冰区水域投放更多的船只以及在空中投放监测设备。此外，加拿大北极战略的另一核心是把"北极航道"纳入其绝对掌控之中，以控制北极地区的海洋交通命脉。为此，加拿大明确主张"西北航道"为其内水，加拿大拥有完全的国家控制权。

2015年1月，加拿大宣布将打造一支北极巡逻舰队，以实现其海军在北极地区的军事存在，其中包括建造5艘"哈里·德沃尔夫"级北极近海巡逻舰。作为配套计划，加拿大于当年7月开始在北极巴芬岛新建一座海军基地，用于为这一舰队的船只提供停靠补给。

（二）挪威

2006年12月，挪威发布了《挪威政府的北极战略》。其北极战略的总体目标是要抢占有利条件，获得在北极地区的发展机会。之后，在2009年挪威首相又签署了题为《北方地区新的建设领域——政府北极战略的下一步骤》，提出了新的北极战略。

这两份报告的提出表示挪威政府十分重视北极地区，并将其北极地区政策作为对外政策的重点，并强调充分发挥挪威在北极事务中的特殊作用。其重点关注的是：获得国际社会对斯瓦尔巴德群岛地位的承认，特别是环绕群岛外围的 200 海里渔业保护区；二是其在北极地区行使主权和权威的持续能力问题；三是与俄罗斯在巴伦支海海上边界的划界争议问题等。另外，还强调了《联合国海洋公约》的作用，并坚定地捍卫这一地区的海洋秩序。

2015 年 3 月 9 日至 18 日，挪威在北极地区与俄罗斯接壤的芬马克郡举行代号为"联合维京"的军事演习，约 5000 名挪威武装部队成员参与军演。这是近 50 年来挪威在该地区举行的最大规模军事演习。

（三）丹麦

丹麦政府的极地基本政策目标在于开展国际合作，防止北极地区出现紧张局势。因此作为一个国力并不强大的北极国家，国际合作是实施其北极政策的重要途径和手段。2008 年 5 月，丹麦与其他四国达成的《伊鲁丽塞特宣言》清晰地体现出了其主张和基本立场：一是加强以其他环北冰洋国家为主要对象的国际合作，降低环境变化和北极地区人类互动给其带来的风险；二是建立环北冰洋国家主导的国际法律机制。

因其需要特别对待格陵兰自治问题，2008 年 5 月，丹麦外交部又发布了一个名为《转型时期的北极：为在北极地区的行动提供战略》联合报告，充分阐明了丹麦和格陵兰在北极地区的利益。格陵兰的自治必然影响丹麦成为一个北极国家，因此丹麦需要积极参与北极区域政治，这也是丹麦北极政策的一项重要内容和基本前提。

2014 年 12 月 15 日，丹麦以其属地格陵兰岛与北极圈的"重要关联"为由，正式向联合国提出对格陵兰海岸线以外 90 万平方千米的区域的主权要求。丹麦表示，其海外自治领土格陵兰岛的大陆架同横跨北冰洋的海底山脉相连。《联合国海洋法公约》规定，一个国家可对距其海岸线 200 海里（约 370 千米）的大陆架拥有专属权，超过这个距离范围，需得到相关科学依据和测算数据予以支持。丹麦外交大臣里德加德对媒体表示，对北极宣布"所有权"是丹麦具有"里程碑式历史意义"的举措。

（四）英国

英国是《南极条约》的原始缔约国，其在南极大陆保持了很高的参与程度。英国于 1772 年开始第一次南极探险，于 1908 年就对南极提出了领土要求，是最早对南极提出领土要求的国家。

2007 年 10 月，英国宣布对南极地区部分海床提出主权要求，引起智利、阿根廷等国的强烈抗议。英国意识到，在南极条约体系框架下，宣示南极主权不能贸然采取军事手段，只能采用间接渠道。为此，近年来英国积极参与南极事务治理，多次以官方名义出台有关南极的纲领性文件，在科学研究、环境保护以及制度政策等方面积极行动。

2009 年英国发布了《英属南极领地战略文件 2009—2013》，标志着英国对南极事务的认识更加清晰深入，为其下一步在南极的行动作出了详细规划。根据文件披露，英国南极政策的总目标是要实现英属南极领地的安全和有效治理。

2014 年英国发布了《英国南极科学发展研究 2014—2020》，详细规划了英国在南极科学发展的方向，提出了英国南极科技发展战略。

总的来看，英国现阶段的南极政策是为了实现对南极领土的"有效控制"，其背后隐藏的逻辑是将南极看成国际法中的"无主之地"，其政策的最终目标是保持英国对英属南极领地的领土主权。而这就违背了南极及其资源是全人类共同继承财产的基本属性，影响了包括中国在内的广大发展中国家参与南极事务。

（五）澳大利亚

作为离南极地区最近的《南极条约》成员国之一，其在南极的领土要求面积最大。澳大利亚在南极大陆开展活动的历史最为悠久，也从未间断。

在南极事务上，澳大利亚希望能够继续发挥作为南极主要看管人的角色，并且提出了十项举措用以巩固其国家利益。这十项举措包括：发表南极活动白皮书；提升南极地位，任命南极大使；提升南极国家政策的地位与作用；启动南极中高层人员交流计划；开展筹建"世界南极大学"的可行性研究；开展南极矿产资源前期研究；南极政策决策者应与国家安全机构建立联系；进行多用途船舶的可行性研究；通过南极气候科学研究提升领导地位；在南极显示国家实力。

（六）阿根廷

阿根廷从 1904 年起便已经开始在南极设立了常年考察站，目前已有 6 个南极考察站，包括机场、码头、军事设施等，拥有多艘考察船和飞机，具备了很高的军事化程度。

2008 年 7 月，阿根廷宣布使用军队来捍卫其国家利益的计划，提出了在南极地区驻扎军事力量的前景规划。阿根廷总统在做出这一提议时表示："这个世界已经不再是由意识形态所划分的世界，这是更复杂的世界，我们必须捍卫我们的天然资源，我们的南极洲，我们的水。"

出于科学研究的目的，阿根廷还制定了专门的南极科学战略计划，其科学任务包括：继续致力服务于国家南极政治目标，特别是获得国际社会对阿根廷"南极扇区"的公认，并在此地区协调国际和国内的研究项目；整合相关专业人力资源，用以从事南极地区相关活动；借科学活动来显示和维持阿根廷的南极存在，努力获取在南极地区的科学成果。

（七）亚洲相关国家动向

亚洲国家主要关注的是其在北极地区的相关政策，关注的重点是分割北冰洋海床、通过西北航道的权利以及北极的利益。其中我国和韩国是较早申请北极理事会观察员身份的国家。

韩国政府对其北极战略的研究和制定较为积极，并同时为其在做相应的理论准备。为此，韩国多次召开相应的专题研讨会，目的在于讨论与北极地区的自然环境和生态环境相关的国际法、北极资源和航海等问题，思考韩国所面临的挑战，探讨相应的措施。可以说，韩国已经明确认识到了，全球变暖对北冰洋急速融化所带来的影响，不同国家在北极地区的冲突逐渐地加剧；同时海冰的融化带来的经济利益也越来越明显。韩国还加强了对北极航道的研究，成立了北极航道研究中心。此外，韩国政府、部分高校和研究机构还合作开展了北极航道问题的研究，一些海洋研究机构、商业海运公司和相关专家组建了"北极航道协议组织"，针对北极的发展战略进行研究。

印度近年来在加强南极地区研究的同时，正在大力开展对北极的研究。印度将极地研究项目作为重点来规划，实现南北极研究相互支撑。同时，印度一直在加快发展其水下战略力量，其印度海军选派的探险小组还成功地远征北极。这一积极姿态包含着长远的极地战略考虑。

目前，日本政府也已经以北极理事会的观察员身份参与北极事务，试图赶上全球性开发北极的热潮。日本在极地事务上按照其计划稳步推进，并开展积极的研究。日本不仅在科学研究领域中进行了有序的研究；另一方面，日本在政治和外交领域，争取在极地事务中发挥其作用。日本已经制定北极圈开发计划，积极介入北极开发。为此，日本大型海运企业商船三井已经制定开通北极航线的计划，建造 3 艘破冰运输船，计划从 2018 年开始将俄罗斯北部地区的液化天然气运至日本和欧洲。

在南极方向，从参加科考的数量上看，日本早已超过中国，2017 年，日本开始计划建造其第五个南极科考站，继续加大其南极科考力度。

三、相关国家在极地战略中的发展和共同取向

从对相关国家极地相关战略和政策中可以看出，由于相关国家有着共同的利益，因此拥有共同的政策取向。

一是各国都以资源、环境利益以及地区经济和社会发展的需要为共同出发点，如美俄等相关大国还包含了安全利益的考虑。各国极地战略和政策具有清晰的出发点，就是将共同利益集中在资源、环境、区域经济和发展方面。另外，在北极地区，美俄等大国尤为突出强调本国在北极的安全利益。

二是各国对其在极地的利益高度重视，从国家战略的高度制定关于极地事务的国家政策。在相关的极地战略和政策中，各国都从国家层面制定作为国家战略的极地国家政策。同时，统一组

织和协调各个职能部门或机构，并且依托民间力量对政策加以贯彻和落实。除了由国家层面牵头之外，还注意职能部门的协调，同时利用好民间组织与团体，商业和非商业组织为国家利益服务。

　　三是在北极地区，各国明确加强了在北极地区包括军事力量在内的实力，试图从军事实力、交通运输能力、科技力量、基础设施等综合实力来维护极地利益。美国在北极地区要维持更具有影响力的海上力量；俄罗斯希望建立起北极部队，加快俄边防部队的现代化；加拿大也不甘落后加强了其在北极地区的海军力量。

　　四是在极地加强为自身国家利益服务的科研主动权的竞争，同时也提出共同治理的概念，加强国际合作。各国依旧重视极地科学研究在维护其在极地利益中的重要性，因此，各国纷纷加大了对科研的资金和力量投入，以提高自身在极地科学研究中的影响力。在竞争的同时，各国也在其战略中提出了共同治理极地事务。即从自身利益出发，在国际条约和协议的基础上，建立双边或者多边合作机制。

第六章

经略极地的战略指导

极地战略作为我国国家战略的重要组成部分和建设海洋强国的重要内容，必须以习主席关于建立海洋强国的一系列重要论述为指导，以国家安全战略和国家海洋战略为遵循，依托30多年我国极地科考奠定的政治、科研、技术基础，通过统筹规划和体系建设，不断嵌入军事、安全等要素，逐步实现由单一科考向综合利用、局部参与向全面渗透、研究为主向全方位塑造转变，不断拓展和巩固中国在极地的实质存在，全方位构建更加有利的战略态势，为有效维护我国在极地领域的国家利益奠定基础。为此，应坚持以下战略指导。

一、突出核心，加强极地事务的战略统筹

目前我国极地事务主要是由国家海洋局下设的极地考察办公室负责，国内其他部门基本没有参与到极地事务中，研究范围也基本限于海洋调查、极地生态、气候环保等自然科学议题，其研究成果主要用于自然科学领域，而安全利益作为其他一切国家利益的核心，在极地事务中并没有得到体现。应在国家发展整体思路下，由有关机构提出极地战略应包含的安全目标需求，并将其细化到各相关领域、部门，作为开展相应极地事务的首要至少是

重点考虑目标，加强极地事务对国家安全的支持作用。当前和今后一个时期的工作重点就是在极地事务中充实、融入军事安全要素，在发展目标规划、软硬件标准化、人才队伍建设方面，充分考虑到军事安全需求。

二、突出存在，牢固树立"存在就是价值"的理念

现阶段来看，极地价值尚未得到充分开发，受科技发展水平、国际政治因素以及一些法律条约等影响，有的议题被搁置，如南极主权，有的议题存在巨大争议，如北极航道。尽管有部分极地资源目前尚未成为大国争夺的现实焦点，但从长远看，极地成为各国战略博弈的新战场已不可避免。而且从我国自身来看，随着国家利益不断向海外拓展，极地在战略通道、战略预警、战略支点等安全领域的意义越来越突出。为避免将来出现被动，必须尽早实现在极地的实质性力量存在，积极稳妥地参与各种极地活动，由浅及深，逐步站稳脚跟，为将来全面、深度地参与各项议题、有效利用极地资源、实现国家利益最大化占得先机。

三、突出能力，不断提高极地军事行动水平

随着极地活动的不断增加，各种危机和风险也随之而来。比如，恶劣的自然环境、多变的极地气候，以及高纬地区导致的船舶导航定位偏差甚至失灵，这些都会给在极地区域航行的船舶造成安全威胁。未来，随着北极航线投入商业运营，也有可能带来类似索马里亚丁湾海域所面临的海盗威胁。由于各类民用船舶在应对这些危机和风险方面存在明显不足，军队将承担起为各类船舶在极地区域航行提供安全保障的任务。

截止目前，我军尚没有在极地展开训练和部署，因此缺乏适

应高寒、高纬度军事行动的实践经验。甚至对许多最基本的信息也缺乏足够了解，比如极地气候、海洋地理环境、电磁特征、冰层监测数据等，有的几乎是空白，无法满足部队的军事行动需要。要着眼未来极地军事行动特点，尽早明确目标需求、发展路径、装备体系、信息融合、队伍建设、支援保障等要素，可以采取寓军于民的思路，及早在极地开展适应性、探索性工作，逐步扩大军事要素比重，最终具备独立遂行各种军事行动的能力。

四、突出谋势，全面积极地参与极地事务

中国在极地问题上具有重大利益诉求，但接触极地议题时间较短，加之缺乏地缘优势等因素，致使中国在参与极地事务过程中往往处于相对不利的局面，加强国际交流合作，寻求与其他国家间的广泛共识，谋求共同利益，可有效降低矛盾摩擦，为中国获得更多的机会和平台。一是要联弱制强。相关极地国家内部也并非铁板一块，存在诸多矛盾，尤其是相对弱小国家的利益也容易受到大国的侵害，客观上这些小国也希望引入外部力量平衡大国，以为自身谋得更大利益。可以考虑联合冰岛、丹麦等缺乏财力、物力无法抗衡极地周边大国的小国，制衡大国，这有可能成为我国深度介入北极事务的突破口。二是要以外制内。比如在南极问题上《南极条约》等现有法规条约的排他性十分明显，可以推动发挥联合国在极地事务中的作用，借助联合国平台施加我国的影响。联合域外国家通过政治、经济、外交、法律、道义等途径共同发声，以利益捆绑的方式打破环极地国家在相关事务上的垄断地位，为我参与介入塑造良好的国际环境。三是要由易到难。发展路径从低级政治向高级政治扩展和延伸，采取循序渐进的发展模式。以友好国家或利益攸关国家为突破口，以易操作的

外交往来如开展对话、互访等为起点，培养互信，增进友谊，推动极地事务合作不断拓展深化。

五、突出合作，实现战略利益的互利共赢

在极地问题上开展务实合作，追求互利共赢，既是迫于现实困境之举，也符合世界各国的利益。从南极问题来看，国际社会尤其是相关争议方已经就两个核心议题——领土主权和资源开发问题基本达成共识，在南极条约体系框架的约束下，各方具备合作的良好基础。北极问题上，由于存在较为明显的利益冲突，而且随着气候上升，北极航道开辟，这种冲突可能会进一步加剧，北极各国有待进一步建立互信和深化合作。竞争与合作相互交织可能会成为北极事务的常态，这虽然增加了复杂性，但客观上也为中国参与北极事务创造了一定条件。

在合作中我们既要尊重事实，也要敢于突破现实。我们尊重北极国家享有的领土主权与各项合法权益，尊重极地国家在处理相关事务上的主导地位这一客观事实。但北极环境、航道、能源等诸多要素的改变会深刻影响到中国的国家利益，北极的发展与我国息息相关，因此也要向有关地区性组织和国家积极表达我们的合理诉求，正面、公开地阐明我们的原则立场。如：我国需要了解全球变暖所带来的环境气候变化，需要北极的能源为我可持续发展提供物质保障，需要北极航道的开通为我海外贸易带来更加便捷、经济的海上通道；愿意在北极理事会框架内与相关各国本着相互尊重、互利共赢的原则展开务实合作、良性互动，维护该地区的和平、稳定和可持续发展。

整体而言，北极理事会对非北极国家参与北极事务抱开放态度，但同时也心存疑虑。北极国家之间、北极国家与非北极国家

之间在一些问题的看法和处理方法上存在分歧，这为中国利用各方分歧、化解敌对、合纵连横、制衡各方利益以使我国利益最大化提供了机遇。首先，对于北极国家，我们应该与友好国家建立合作共赢关系，以抗衡一些持不友善政策和行为的国家；其次对于非北极国家，我们应该联合起来，表达非北极国家的集体诉求，避免北极事务出现排他性局面；再次，借助我国第二大经济体的资金和政治优势直接或间接参与北极开发利用。

第七章

经略极地的宏观筹划

极地事务纷繁复杂，涉及经济、能源、政治、环境、外交等方面。对于极地事务的竞争也将是长期的，各国纷纷制定北极战略或者政策，目的在于立足于长期斗争的准备。对此，中国应及早采取有效措施，加大在极地领域的战略关注。

一、将极地问题纳入国家战略体系

当前，俄罗斯、美国、加拿大以及欧盟等都已经出台了新的极地战略。这说明国家之间在极地尤其是对北极地区的争夺已经由零碎的摩擦变成了系统的竞争。而无论是北极地区还是南极地区，我国都是具有利益关切的相关大国，因此，也需要出台以国家为主体身份的极地战略，并将其纳入国家战略之中，用以指导我国在极地的行动和处理极地相关事务。

（一）纳入国家安全领导体制

目前从西方发达国家对极地的领导管理来看，都是以国家层面牵头设立相关的领导管理体制。例如，俄罗斯由联邦层面设立北极特别委员会，并由其负责协调联邦各个部门实施其制定的北极政策。美国对北极政策的实施则由国务院负责牵头，来协调其他职能机构或者部门进行落实。加拿大也呼吁联邦政府改进其北极事务的决策程序，建立由总理领导的内阁委员会来处理北极事务。

中国在极地的科学研究起步还不算太晚，在南极和北极地区的事务也不会仅仅停留在科学范畴，还更多地涉及能源、环境、贸易、航道使用。中国要处理与国家利益相关的极地事务，必然会同包括极地国家和非极地国家在内的许多国家相关，同时也需要同多边合作组织打交道，为此，必将面对更为复杂的国际关系，也必然会给中国安全领导体制带来新的挑战。

我国的极地事务主要由隶属于国家海洋局的极地考察办公室处理，该办公室属于国家海洋局直属的公益性事业单位，是从事极地考察工作的职能部门，负责对极地考察工作进行组织、协调和管理。该办公室主要有以下职能：一是拟定我国极地工作的发展战略、方针和政策，拟定我国极地考察工作的规划与计划；研究和拟定我国极地活动的法律、法规和规定；二是组织极地考察的基本建设、大型物资装备等重大项目的立项论证、审核申报，并监督项目的实施和验收；三是组织国家重大极地科研项目的立项工作，制定实施计划，并监督其实施；组织和管理极地科学考察的资料、数据、样品、档案和成果；四是组织和参加极地考察领域的国际事务及相关国际组织；负责同国外及港、澳、台地区极地考察机构的联络工作；五是负责极地考察工作经费的预决算、审核、申报和监督管理工作；六是组织协调我国极地考察队组队工作，并对实施工作进行指导、监督和检查；七是负责管理极地考察训练基地，驻智利办事处，承办我国极地考察工作咨询委员会的日常事务。

从前文所述的极地办公室的机构性质、内部组织结构和职能来看，大部分的任务着眼于对极地的科学考察范畴。随着极地事务不断繁杂，我国面临的问题越来越多地涉及政治、安全、外交等领域，其事务管理的范畴和职能大大超越了单一的职能部门，因此就需要从国家层面来进行跨部门的协调和统一管理。

党的十八届三中全会决定成立的国家安全委员会，是在我国综合安全形势日益严峻的大背景下应运而生。"当下的国家安全并不是某一个部门可以涵盖的，无论是外交部、商务部或者军方，都不可能独立应对。因此，成立国安委有利于统筹国内和国际、军用和民用两个大局。这关系到国家军事、外交、对外经贸、投资等各个领域，既包括军事斗争准备在内的传统安全，也包括反恐和类似非典一样的疫病灾害等非传统安全。"可见，成立的目的就是在于完善国家安全体制和国家安全战略，确保国家安全。

随着全球气候的变化，极地地区的发展已经成为了世界政治的热点，极地的价值也更多地体现在了非传统安全领域。如我国北极国家安全利益更多地指的是包括能源安全和环境安全在内的非传统安全利益。南极和北极地区的自然资源以及北极地区的北方航道不仅关乎未来我国经济的可持续发展，更重要的是，由此而延伸出的诸多极地议题还是我国构建国家形象和争取在国际多边合作治理中的话语权的极好平台。应该看到，很多国家对我"崛起中的大国"身份存在程度不一的抵触情绪，在极地问题上多数情况下都是以西方话语为主导，中国相对处于结构性的弱势当中。

因此，针对日益复杂和日显综合的极地事务，应该打破单一部门管理的现状，可由国家安全委员会从国家层面牵头，从而更加有效地整合各个部门的力量，从更高的层级进行更加有力的协调，从而有利于国家在极地相关事务中的整体规划，集中力量，便于统一协调行动。

（二）纳入国家战略

首先，应该从国家层面组织有关部门和力量，开展我国在极地的国家利益的研究分析和战略评估。总体来看，北极事务比南极事务的综合性与复杂性要强的多。其原因在于，北极相关事务是建立在与极地和海洋相关的基础上，最重要的一点是南极地区由于主权被冻结，并不涉及主权和主权的要求。此外，北极地区受到气候等自然条件的限制较大，资源开发以及航道利用等问题并未受到国际制度的限制。因此，在进行相关的评估时应充分考虑到中国在南极和北极地区的不同利益，研究和制定国家层面的极地战略或者政策。

其次，在纳入国家战略的过程中，应该广泛地进行讨论和吸收多方意见。以加拿大为例，加拿大在制定其极地战略过程中，其极地委员会针对国家极地科学研究政策，通过网络论坛展开广泛交流，讨论加拿大极地科学研究政策的内容和形式。该委员会设计了一系列问题：一个国家的极地科学政策应该包括什么内容？国际极地科学政策的优先次序应该是什么？联邦政府是否应该设立一个政府部门来负责极地科学研究政策的贯彻执行？设计的这些问题引发人们广泛的讨论，从中吸取了不少有益战略制定的意见和建议。

最后，鉴于极地尤其是北极地区是世界政治、经济的重心之一，认识和理解极地对于世界的影响也具有重大意义。我国是一个极地科考大国，且在当前已经获得了大量科学数据和成果，对极地相关的科学考察和研究有一定的基础。要将极地纳入国家战略，应继续加大对极地研究的投入，切合国家战略需要，展开更为全面的调查，细致掌握极地的资源、环境变化等情况，为将极地纳入国家战略提供科学和理论支持。

（三）纳入国家规划

从各国的极地战略及政策中，可以看出各国已经明确将自身在极地的利益与国家利益结合起来。以俄罗斯为例，俄罗斯早已将其在南极和北极的经济活动和国防活动纳入其各个部门的规划过程中。作为在极地同样有着切身利益的国家，利益涉及到政治、经济、外交、军事等各个领域，我国同样需要将极地纳入各个部门的规划之中。

要明确南北两极关系的协调发展，在科研考察部门的规划中适当加大对北极科考与研究的投入，并着眼于提升北极研究在我整体极地科学研究中的地位。我国在南极的科考和研究已经具有较长时间的历史积累，而北极地区相关研究的起步较晚，从整体来看应该在部门规划中将北极地区作为重点来对待，并设立一些重大优先项目。

在极地规划中着眼于将长期任务和短期任务相结合，国家目标与国家现实相结合。在规划中突出重点，从科学考察方面而言，从环境和资源领域入手，在南极地区继续加强对资源等相关科学研究，在北极地区增加观测站点和研究基地，争取形成观测网络。在政治领域中，以加强同相关国家和多边合作组织的外交合作为主。在经济领域中，着眼于资源开发、航道运输、造船业、旅游业等相关产业的发展。在极地外交领域中，着重加强与极地相关国家和有关国际组织的合作。

对中国来说，由于不是北极国家，且北极地区在国际法上的地位与南极地区不同，我国在此缺乏直接进行活动的立足点和支撑点。应首先根据北极地缘政治格局的特点，以及同北极国家之间的关系特点，选择不同的外交对象和制定不同的外交方案，以便在不同领域展开合作。重点加强与俄罗斯的合作，包括油气资源等能源方面的合作。同时，在南极地区也应加强与南极相关利益国家在环境观测等方面的相关合作，争取在南极地区的话语权。

（四）纳入国家军事战略

当前，北极地区的陆地部分已经被加拿大、丹麦、芬兰、冰岛、挪威、瑞典、美国和俄罗斯等8国控制，但是围绕北极的主权纷争也愈演愈烈。2009年以来，俄罗斯对其北极军事政策进行了重大修改。一方面，俄国防部进一步细化了北极驻军的培训计划，在一些辖区成立了熟悉高纬度地区作战的特种部队。俄罗斯的空军、隶属北方舰队的军舰和潜艇以及卫星加强了对俄罗斯北极领土的巡逻。美军也在北极地区进行了演习，目的是使其在任何环境下都能熟练作战。由于北极地区纬度较高，任何一国占据了空中优势，其远程战略轰炸机就能够很快到达北半球的任何地方。因此，美俄两国在北极的空中主导权的争夺从未停止。这些都使得环北极各国对于北极的争夺手段已经从科考手段向军事化手段过渡。

在南极地区，虽然《南极条约》已经冻结了各国对于该地区领土的主权要求，但是各国对科学研究和考察的力度在不断增大，而且《南极条约》的有效期也只剩下三十年，未来也不排除出现军事化的可能，比如一些国家以军事力量为依托，采取强硬手段来维护、谋求其南极利益，甚至侵害其他国家的南极利益。

同时，随着气候变暖，北极航道的通航潜力日益增大，各国的争夺手段必然发生变化，当前相关国家主要在北极地区展开军事部署及行动，尤其是美国在北极地区布建反导系统，不仅对世界战略格局的稳定和国际安全局势造成了深远影响，同时也严重危害了中国的安全利益，造成了中国安全环境困局。因此，中国极地的利益涉及到中国国家安全利益，更需要将极地纳入中国军事战略，明确以维护中国极地利益为主的战略目的，以军事力量为后盾，制定与之相关的政策措施，为维护中国极地利益争取主动。

二、积极探索国家极地战略

从国际上看，美国、俄罗斯包括加拿大、挪威、芬兰等国家均已先后出台了极地战略，有的还经过了多次调整完善，对其明确发展重点、整合国内极地事务发挥了较好的统筹作用。除了2018年1月发布的《北极政策白皮书》以外，我国尚未出台完整的极地战略，这也是导致目前国内极地活动目标相对单一、资源分散的重要原因之一。参考国外已有经验，结合我国国情，应从以下六个方面制定完善的极地战略。

（一）明确极地战略利益

在国家层面对极地的认识，即对极地在政治、经济、军事、科考等方面战略价值的认可度，是引领各领域、各部门开展一切极地活动的最重要依据。包括对极地工作的主要政策性认识、极地在国家总体战略布局中的地位作用、相关部门极地工作的衡量指标等。为此，要明确我国在极地的国家利益，包括科考、经济、生态、通道、军事应用等方面的利益性质、范围和优先等级等要素。总体来看，我国在极地方向的主要战略利益应包括：战略资源基地、战略通道、海上兵力活动区域、信息融合关键节点以及科考基地等。

（二）确定极地战略目标

围绕极地战略利益，确定中国在宏观总体层面应致力于实现哪些目标，同时应细化到军事、经济、科技、外交、海洋等各领域应达到的不同层次的子目标。比如，在军事领域，对极地地理、气候、电磁等要素特征详细掌握，确保我海上兵力行动自由，能够可靠遂行相关作战任务或提供作战支援保障；在经济领域，能够有效参与极地能源勘探、开发等相关议题，具备独立开发能力，能够有效利用极地战略通道开展海上运输活动；在信息技术领域，具备极地地区通信指挥、导航定位等功能，与太空等其他空间信息能够互联互通、有效融合；在科考领域，具备基础科学和应用科学的较高水平，累积极地信息资源库；在国际合作领域，能够有效参与现有双边、多边极地机制，在相关议题上具备较大影响力。

（三）确定极地战略的基本原则

对现有极地条约、组织、机制等方面的态度立场，包括极地活动现状及各国在极地的政治、经济、军事等方面的重大举动，旗帜鲜明地表达出接受、支持、反对等立场。尤其是在极地安全领域，要以国家利益为根本原则，研究制定并及时向国际上宣示符合我国国情的基本原则，展示中国对于共同开发极地资源、谋求共同利益、解决矛盾冲突等议题的政策主张，呼吁改造完善现有各类极地相关体制机制，与其他国家的合作建议等。重点是对于那些与中国利益关联度大、争议性大的问题，应在论据充分、综合衡量的基础上，提出解决矛盾争议的可行性措施，并在相关竞争博弈、谈判磋商中坚持遵循。

（四）明确相关机制和力量体系

主要是指静态保障、动态运行两个方面需要明确的事项，主要包括：（1）领导指挥体系。在国家层面建立统筹极地事务的领导机构，其任务主要是从宏观层面对极地相关重大事务做出决策，在极地事务发展规划、政策法规保障、科技水平提升、人才队伍建设、基础设施建设、国际交流合作等方面明确发展思路，进行相关事项的部署、监督、评估、调整，如可出台单独的"极地战略发展路线图"，同时将极地工作纳入"五年规划"等国家总体发展规划体系，在不同时期明确相应工作重点，使极地工作进入连贯、可持续的发展轨道。（2）多元力量体系。以与极地事务密切相关的海洋地理、气候环境、天地通信、导航定位及极地专用船舶、飞机制造等相关核心领域为纽带，以打造极地产业支撑体系、构建极地装备产业链为核心目标，在政策、技术、人才、装备等软硬件各个方面，统筹党政军、国际国内、民企民间力量，建立起沟通顺畅、资源共享、优势互补的协作网络。

三、加大科考工作力度

（一）重视资源勘探开发

随着世界经济的发展，南、北极资源的开发只是一个时间问题，如果未来南、北极版图被分割、资源遭瓜分，科考业绩将成为一个国家极地权益话语权的主要衡量标准。显然，在国家利益面前，任何国家都不可能将辛苦得来的科学成果无偿奉献出来。现在各国在极地研究的许多领域都开展交流，唯独对资源信息彼此讳莫如深。在国际极地年的交流中，极地研究的科学交流也只发生在参加极地活动的国家之间，由此可见，国际政治中的平等从来都是建立在实力基础之上。我国应该未雨绸缪，继续加强极地的科学考察，加强与相关国家的科研合作，争取对极地资源特别是油气资源的联合勘探开发，引导国家资源管理部门进入极地科考、测绘极地的地质构造、打造极地资源地图，开展油气资源潜力研究工作。

（二）突出生态环境研究

极地是全球气候变化的敏感地区，其自然变化会反作用于全球气候。随着全球气候变暖，过去很难纳入政治家视线的环境问题变得十分突出，环境保护的呼声不断高涨，正在逐渐成为国际政治的主要议题之一。我国是北半球国家，北极地区冷空气活动和高纬度地区大气环流的变化对我国的天气和气候产生直接影响，对我国的生态环境系统和农业生产等社会经济活动影响显著。极地冰川融化加速全球海平面上升，影响到我国东部沿海地区的经济和社会发展。下一步，我国还要加强对极地高空物理、气候变化、生态、海洋等的研究，建立完善的观测体系，认识极地影响全球大气环流和我国天气气候的物理过程及机理，提高我国灾害性天气预报和短期气候预测的准确性，增强我国的减灾防灾能力。

同时，还应该高度关注极地的开发利用对当地生态环境带来的巨大影响，研究极地开发的风险控制、极地生态环境的可持续发展。一些地区，苔原旅游、与油气勘探开采配套的基础设施建设已经对苔原的生态系统造成了破坏，油气活动对极地自然环境的直接影响和破坏造成动植物的栖息地破碎化。在阿拉斯加、加拿大、俄罗斯，油气管道绵延数千千米，修筑道路以及机动车留下的痕迹阻碍了水流流动，造成永久冻土的融化，可能会影响到周围数千米的环境。道路的灰尘会被吹向数百米远的下风向地区，影响植物的生长，有迹象表明，北美驯鹿的活动范围会避开公路和管道沿线。由于极地的寒冷气候和高度季节性的生态系统，如果发生石油泄漏，其脆弱的生态系统将恢复得非常缓慢，其影响可能会持续数十年。

（三）加快装备体系构建

工欲善其事必先利其器。在探索极地的事业中，我们应该同步设计和构建适用于极地的装备体系，如适合极地严酷环境的固定翼飞机与直升机，破冰船、救援船等特殊舰艇。美国海军于1993 年提出愿意在 5 年内向科学界提供至少 30 天的潜艇专用时间，用于北冰洋研究，冰情科学考察（SCICEX）计划正是在这样的背景下应运而生。SCICEX - 99 计划中的冰上营地科学指导米哈列夫斯基博士说："我认为海军潜艇对进行这类研究的重要性是再怎么说也不过分的，拥有一艘潜艇对北冰洋科学始终是巨大的恩惠。"1999 年考察队首席文职科学家爱德华兹博士持同样的观点。他在 1999 年 4 月说："我们对北冰洋洋底的了解增加了2—3 个数量级，与以前掌握的知识相比，这真是一次信息爆炸。"俄罗斯在极地装备方面也走在世界前列，其核动力大型破冰船具备全天候遂行极地行动能力，使其比其他国家获得了更多的机会。

四、全面提升极地军事行动能力

从当前态势看，中国军事力量要在极地开展相关行动在许多方面都面临较大的困难，要多方面同时用力，及早补齐短板。

（一）加强软硬件基础建设

目前我军尚不具备在极地遂行常规军事任务的能力，空军的活动范围基本限于领土范围内，海军尽管实现了走向远洋，但目前还难以在两极高纬地区开展活动。除了海军缺乏远洋破冰能力、空军缺乏寒带投送能力等显而易见的差距外，还有许多方面的能力差距需要评估分析。长期以来，中国军事力量并没有把极地作为行动的目标区域进行相关筹划，既有思想观念层面的问题，也有诸多软硬件方面的制约。随着对极地战略问题认识的加深，软硬件基础设施的薄弱问题显得愈加突出。应尽早由军方与海洋、通信、卫星导航、海运等部门在内的跨部门联合，针对军队将来可能在极地开展的各种行动进行综合分析，对照我军能力现状，找准存在的差距，明确发展方向。一是舰机机动能力。主要是舰艇、飞机能否适应高纬地区恶劣的气候、海况等自然条件的挑战，对国防工业部门有何要求。二是装备运行能力。对装备进行可靠性分析，认清极地对各类武器装备平台的特殊要求，明确现有军用加固技术提升指标。三是指挥通信能力。主要是针对具有自主知识产权的北斗系统，能否在两极为相关行动提供可靠的导航定位、通信联络及交互服务。四是保障支援能力。包括在友好国家设立的补给点在内的国内外后勤基地对极地军事行动的支撑能力，是否可以满足一定规模军事力量在极地常态化存在的后勤保障需求。

（二）加强民用资源的军事运用

建立极地事务综合统筹协调机构，在军地各建立常设机构负责相互联络，主要目的是发挥好非军事部门开展极地相关活动的便利和优势，为军事安全提供支持，如包括极地科考、大型海运公司等机构在极地或临近极地区域的活动，应事先与军方进行沟通，可适当吸收军方人员、搭载部分军用设备、视情开展准军事行动。

充分利用相关数据。借助极地科考优势，对极地尤其是海洋战略通道的地质地貌、暗礁分布、海洋水声水文、海底重力及磁力参数等相关信息进行全面、详细收集，与军队相关部门建立联合共享平台，共同进行数据分析、研判，从而解决和平时期因极地非军事化大环境给军队直接从事极地活动带来的国际舆论压力。

（三）提高极地军事适应能力

极地地理空间环境跟传统的作战环境相比具有较大的差异，尤其是水文、地理、地质、气象和电磁环境等要素与其他地区截然不同，要在极地具备军事活动能力，必须首先要开展大量的适应性军事行动，以对人员、装备等进行训练和适应。早在二战之后初期，美军就派遣航母、潜艇、水面舰艇等兵力在内的军事力量，在南北极开始开展了一系列适应性行动，如在北极开展"北极熊行动"，在南极开展"跳高行动""风车行动""深冻行动"等。通过这些循序渐进的适应性行动，熟悉相关区域的气象水文等地理信息，锻炼提升了在高纬地区的指挥协调能力、舰艇航行能力、通信联络能力、后勤保障能力等。目前，中国海军力量在两极方向均没有实践经验，实际上从全国范围内看也只有雪龙号及所搭载舰载直升机有过极地航行经历，这也使得中国尽早派遣军事力量开展相关实践活动显得更加迫切。

（四）增强极地综合保障能力

极地远离我国本土，仅仅依靠自身携带补给只能满足短期内的常规需求，必须要建立多形式、多区域的综合保障网络，以提高补给效率和可靠性。

可从国家层面考虑在南非、智利、阿根廷、澳大利亚等靠近南极国家及北极邻国中发展友好合作关系。应高度重视发展与智利的友好关系，从智利蓬塔阿雷纳斯乘飞机前往南极用时不到2小时，蓬塔阿雷纳斯和新西兰的克赖斯特彻奇被认为是前往南极的必经之路。目前在南极设立考察基地的国家有28个，其中15个国家的科考队员和专家每年途径智利前往南极进行科考工作。可以民事合作为主要内容，通过购买、租赁等方式在上述国家建立长期稳定的近极地综合保障基地。同时，情况允许时可在巴基斯坦、缅甸、古巴等友好国家建立远极地综合保障基地，条件成熟时拓展上述基地保障范围，为中国军事行动提供后勤支援。

同时，应利用众多海外机构、公司等民间渠道为科考等非军事行动提供辅助性补给。我国作为世界第一大海运国，各种大型船舶的活动区域遍布全球，在靠近两极的地区也常态化保持相当数量船只，应与各大海运公司建立战略合作关系，借助这些移动平台，构建移动补给网络，适时为极地提供后勤保障。比如大型船舶途径极地附近时，可根据需要预先配备补给物资，在相关海区完成物资交接。

（五）提升极地事务影响力

实现军事安全有两种途径：一是通过增强军事实力，依靠自身力量来谋求军事安全；二是在自身保持和发展必要军事力量的同时，借助双边、多边平台开展安全磋商与对话，通过与对手增加互信、达成共识的方式预防或避免冲突的发生，降低自身安全威胁。应积极参与各个层次、各个范围的极地事务论坛，尤其是如北极海岸警卫队论坛、北极安全高层次圆桌会议等安全多边机制，参与联合搜救、反海盗巡逻、联合救灾、开展极地环境保护和监测活动等，尽可能在早期介入、积极改造、力争创造多边安全机制，以便更好地为我国所用，为今后更大范围地参与极地事务创造有利环境。

五、积极参与极地经济活动

（一）深度参与极地各项资源开发

在能源开发上，出现由北极国家形成的"既得利益集团"试图排他性垄断北极资源的趋势。在目前的既成事实下，中国改变现有格局的能力有限，近期比较现实的做法是以日后能源战略买家的身份通过企业与域内国家企业开展广泛深入的合资合作的形式来共同开发、共同经营极地油、气、矿等自然资源。期间，应充分发挥中国国有企业在政府扶持下的雄厚资金优势，在开发中获取高寒区作业经验，提高工程技术水平，经受恶劣自然环境下的严苛考验，从而全面提升中国极地资源开发能力。为下一步与相关国家、企业在技术门槛、环境标准、突发情况处置等方面展开的新一轮博弈中获得竞争优势。经过一段时间的积累过渡后，待技术、政治等内外部条件具备，时机成熟时，我国独立承担极地资源开发项目也不无可能。目前，中石化、中海油与冰岛、俄罗斯企业签订的资源合作协议便是良好开端，应进一步积极强化投资合作，提升中国在极地资源开发中的主动权与话语权。

（二）共同建设、经营航道

在西北、东北、中间三条航道中，短期看东北航道相对最成熟，也最具开发前景。除环境因素外，制约东北航道发展的最大因素是航道的使用成本与传统航道相比是否具有经济性。虽然在航程上具备巨大优势，但由于俄罗斯视东北航道为其"内海"而强收"过路费"，短航程优势被破冰及导航等各种高昂服务费用所抵消。东北航道基础设施匮乏，自然环境恶劣，受到俄政府补贴下降影响，"过路费"已由20世纪90年代的2美元/吨~4美元/吨，飙升至目前俄北方海管理部门按每20尺标准集装箱14吨计，每吨20美元。作为东北航道未来最大的潜在用户和受益者，我们要发挥人员、成本与资金优势，积极响应俄罗斯提出的共同开发建设东北航道的请求。在破冰、导航、海冰冰情监测和预报服务等方面展开全方位合作，全程参与、共享成果，如可采用我方控股注入资金成立联合运营公司或作为建设方买断长期低成本通航权等多种方式固化利益，强化战略合作伙伴关系，为日后航道的优先、稳定、长久、低成本使用积累政治和经济资本。短期看俄方将我引入航道开发是一种利益让渡的权衡之举，但长远看共同建设经营使东北航道走向成熟并获得有效利用是符合双方利益的双赢之举，中国应尽快将其做实。

（三）提升极地船舶工业水平

常规远洋运营船舶无法满足极地低温、多冰的严苛自然环境。为了在极地海域安全航行，极地船舶必须通过使用特种钢材或复合材料等手段来增强船舶的低温性能，同时提高各子系统在低温环境下的可靠性。当前，世界各造船大国均看到北极的商业价值，纷纷加快极地船舶的研发、设计和制造。以韩国为例，其在极地船舶设计建造方面遥遥领先。我国具备一定的极地船舶设计研发制造能力，如2009年，由芜湖江东船厂为德国尤根汉斯航运公司建造的1000TEU冰区加强型快速集装箱船；2012年，由长航重工江东船厂为德国康马公司建造的同型船舶。但总体上看，我国设计建造特种船舶能力相对薄弱，核心子系统的国产化率有待提高，适应极地冰区航行的加强船舶在种类、数量、吨位等分布选择的余地太小，与未来极地通道正式通航后的庞大运输需求存在较大差距。为此，应尽快填补关键技术的空白，加大研发力度；加快极地破冰船等特种船舶的设计建造；加大政策导向，适当为相关制造企业提供资金和技术扶持，多管齐下，打造自主的极地船队，为下一步的极地开发利用提供可靠的装备保障。

（四）整合扩建航运及配套基础设施

为了顺应极地航道的发展趋势，首先我国应尽早做好顶层规划，合理布局，在现有基础上完善国内相应配套的基础设施建设。比如，现今中国比较依赖中部航线的港口布局，在交通部下一步关于《全国沿海港口布局规划》修编中应充分考虑北部航道开通后所产生的影响，以及应对此种情况需要如何对现有港口布局进行有效整合。又如，在整体交通、物流等相关设施建设上也应做到整体联动，协调发展。其次，加大重点地域和方向上的战略经营与投资。如通过与俄、朝两国谈判开拓图们江出海口问题，虽然存在谈判难度大、不易操作等客观困难，但如若成功，从经济发展、国家安全、地缘等各个角度看皆具备巨大的战略价值。

（五）提供多元化的极地开发融资渠道

极地开发是一项庞大繁杂的系统性工程，只有国家主导下的大规模资金做支持才使开发成为可能，类似于中俄前期4000亿美元规模的天然气项目，国家间合作是其必要前提。但完全依靠国家出资，大规模的资金投入有一定风险，同时也会在一定程度上增加国家负担。出于以上考虑，建立多元化的融资渠道是合理的选择。比如，借鉴中非发展模式由政府主导建立极地发展股权投资基金，采取自主经营、市场运作、自担风险等方式进行运营和管理，提供与目标国合作（目前以俄罗斯为主）介于无偿援助和贷款之间的另一种投资模式，可以促进双方互利共赢。又如，借鉴金砖国家开发银行的运作方式与极地开发伙伴国共同出资建立极地开发银行，为极地项目提供专项贷款，为相关参与企业提供顺畅的融资渠道。再比如，发行极地专项国债，筹集吸纳社会游资弥补国家的资金缺口，这种方式见效较快，正适合极地开发这样大规模的工程建设。

（六）建立合理的激励机制

长期看，极地开发具备良好的前景，无论从自然资源还是商品市场和投资等方面看皆是如此。但如何使极地开发带动相关配套产业发展，激发全体社会上到国家下到企业个人的投入热情，使其成为带动国家社会、经济、科学可持续发展的又一重要领域，是一个急迫而又复杂的现实课题。除国家持续性的战略投入外，良好的制度设计是关键，而其中利益的再分配又是重中之重。在极地开发上，我们应该建立一套合理的制度。以国家大力的宣传教育为导向，制定相应的法律法规做支撑，国家主导注入启动资金，出台优惠政策鼓励全社会投入到开发项目当中。不论是有能力企业的直接参与，还是个人金融投资式的间接参与，都将对推动极地事业发展产生积极影响。从政府的单一行为转为全社会的整体行为将释放巨大的潜能。全社会共同参与、共同建设、成本风险平摊、利益成果共享，把蛋糕做大、分好，如此使极地开发成为与国家、企业和个人息息相关的大众事业，从而助力其走上良性循环、自主发展的快车道。

（七）积极参与极地地区投资与经济建设

极地地区自然环境恶劣，地广人稀，基础设施薄弱，发展落后。北极航道的贯通将带动沿线许多产业的兴起和经济的发展，巨大的需求会促进港口、城市的壮大，人口的增加，以及相应的交通、物流、通信等设施的配套发展，进而带动极地带状区域的大发展与大繁荣。北极航道不仅是战略通道，还将成为重要资源产地与巨大的潜在商品市场，经营此地将带来良好的商业效益。趁现在该地区尚处于待开发阶段，我国应该通过与极地国家合作，利用我充足的人力与资金优势，积极参与地区经济建设。不断加深合作、增进互信、培育市场，为日后极地地区的深度开发利用创造有利条件。

六、加强极地法律研究

我国应该积极组织专家学者加强对极地相关法律政策的研究，重点针对现行法规中对中国不利的部分研究对策，积极探索修改、增减相关内容，条件成熟时可联合相关国家出台新的法律法规，倡导和引导国际社会更加公平、合理地开发和利用极地。

（一）加强北极法律研究

对于北极来说，目前各国的主权争端归根到底是源于相应的国际法机制的缺失。尤其是对于北冰洋周边国家专属经济区到底如何划分，目前尚无公认的国际法可循。要和平解决各国在北冰洋的权益分配问题，目前可能的解决途径主要有两个：一是借鉴《南极条约》模式，建立起相应完善的北极国际法机制。1920年缔结的《斯匹茨卑尔根群岛条约》是迄今为止北极圈地区唯一具有国际色彩的政府间条约。该条约使斯匹茨卑尔根群岛成为北极地区第一个也是唯一非军事区。条约承认挪威对该岛"具有充分和完全的主权"，该地区"永远不得为战争的目的所利用"，但各缔约国的公民可以自由进入，在遵守挪威法律的范围内从事正当的生产和商业活动。这一条约在内容和缔约国组成上都与《南极条约》相似，它为冲突各方提供了解决问题的思路：搁置争议、共同开发。其实世界各国完全可以共同签署一个类似于此的北极条约，以"北极永远专为和平目的而使用，禁止在北极设立一切具有军事性质的设施以及从事任何军事性质的活动；冻结对北极的领土要求；各缔约国的公民在遵守有关法律的前提下可以自由进入北极从事正常的生产和商业活动；北极是人类共同继承财产，任何国家、任何自然人、法人均不得将北极据为己有"等为主要内容，予以细化，理顺各方关系、调和各方冲突，在北极地区形成和平、和谐的环境。二是充实完善现有条约制度。解决北极争端另一个可能的途径是修缮现有的《联合国海洋法公约》，在其中单独开辟章节规定北极问题。《联合国海洋法公约》

是被公认的目前最完整的海洋法法典。但《公约》中部分条款的语焉不详和模棱两可成为一些国家借此争夺权益的依据。针对目前北冰洋所出现的各类争端和问题，在《联合国海洋法公约》中独立开辟一个章节，在顾全北冰洋周边国家权益也考虑其他国家需求的基础上，做出明确的规定。

（二）加强南极法律研究

《南极条约》的签订与生效，第一次明确了南极应只用于和平目的；确定了南极的政治法律地位，对维护和稳定该地区的和平、保持其非军事化、优先科学考察、生态环境保护及和平利用资源等方面都起到了不可替代的决定性作用。但是其只是暂时平息或者搁置了矛盾与问题，近些年来，其留下的漏洞和模糊的条款经常被个别国家钻空子，我们可以从以下几个方面提出自己的见解。一是要扩大《南极条约》开放度和民主度。南极是全球公共物品，作为专门处理南极事务的南极条约体系理应具有最全面的广泛性。《南极条约》应该对所有的国家开放，特别是对一些"南极意识"觉醒较晚的发展中国家，南极条约组织应当热情地敞开怀抱。而在南极事务的决策上，应该让所有缔约国都拥有发言权和决策权，扩大民主，使所有缔约国平等地分享南极的权利和利益。二是要明确缔约国和非缔约国相关的权利和义务。现有的南极条约由于并没有明确规定缔约国和非缔约国的权利和义务，在很大程度上使得不少国家借此漏洞引发争端。《南极条约》应该尝试重新区别和界定"领土主权"和"主权权利"等模糊的概念，推动"冻结"原则的持久化，并清楚规定缔约国和非缔约国的权利和义务。

（三）将极地问题纳入舆论战、法律战

相对于南极地区来说，北极地区面临着更复杂的问题，该地区领土归属和海域划界、自然资源的勘探和使用，生态环境的保护以及对该地区军事化利用问题，都有可能进一步引发相关国家间的矛盾，甚至增加爆发大规模冲突的可能。诸多学者认为，相关国际法制度的缺失与不健全，是导致北极地区问题的根源。针对这一情况，研究北极政治法律的学者作出了以下总结：一是效仿《南极条约》模式。《南极条约》冻结了对南极的领土要求，规定了南极地区的使用目的应为和平的目的，科学调查自由和国际合作，并以此形成了关于南极地区资源的保护和开发管理方面的南极条约体系。可以说，这一模式为南极地区确立了法律地位和法规制度，因此在北极地区也应适用。二是效仿《斯瓦尔巴德群岛条约》。虽然该条约仅仅针对的是斯瓦尔巴德群岛，但是仍然为解决国际争端提供了一个参考。因此，可以本着共同开发的原则，避免冲突升级，在北极地区可以并完全有必要按照《斯瓦尔巴德群岛条约》的模式进行推广，共同签署类似于该条约的北极条约，目的在于和平利用，并以禁止在北极地区设立一切具有军事性质的设施以及从事任何军事性质的活动等为主要内容。三是"发展海洋法公约模式"。也就是在现有的国际海洋法的制度框架下，发展出适用于北极地区的特有模式。四是建立起北极的特定模式。也就是根据北极地区特有的情况来建立一个特殊的《北极条约》。

这种模式的主张有：一是在承认北极国家有权根据《联合国海洋法公约》划定内水、领海、专属经济区和大陆架的前提下，冻结或者取消《联合国海洋法公约》有关外大陆架的划界规定在

北极海域的使用；二是确立各国管辖范围之外的北极海域（包括根据《联合国海洋法公约》应属于公海、国际海底区域和外大陆架的部分）作为"人类共同继承财产"的法律地位；借鉴《南极条约》中的"协商国制度"，由各北极国家和符合一定条件（如在北极设有科考站）的其他国家组成《北极条约》协商国，共同制定在相关海域从事科考、环境保护、资源开发等活动的法律制度并监督其实施；三是冻结包括北极陆地和北冰洋海域的北极地区军事化的使用，最终实现该地区的完全非军事化；四是以《北极条约》为核心，根据实践和未来发展的需要，就其中环境保护、资源开发、非军事化等某些具体问题领域进一步缔结相关的议定书，形成一个相互补充的"北极条约体系"。

相对于北极，南极的政治环境相对简单，因此更容易形成一个综合性的条约，用以解决南极地区的法律性问题。北极问题要达成共识的基本前提是，要以北极地区周边各国的本国利益为基础，并在此基础上建立一个既符合本国利益有利于北极地区发展的国际条约。而日前的情况是，各国尤其是北冰洋沿岸国家对北极的争夺已经远远超出法律解决的范畴，有的甚至采取了加强军事化的激进措施。对我国而言，极地尤其是北极地区所蕴含的政治、经济等利益众多，需要加强对极地相关法律制度的研究，从而使自身在相关的法律制度领域中占据主动。

第一，从环境保护和气候变化的角度入手，加强研究极地环境法制的走向，同时以生态化以及气候变化为视角加强相关法律问题的研究。对极地环境法制法规中现有的冲突，主要是指条约之间的冲突以及国际法与国内法之间现有的冲突进行研究。应该注意到，随着全球气候的变化，极地地区的法律问题已经超出了区域性，成为全球公共治理的范畴。在法律研究中，尤其需要重视如生物多样性保护、航道利用、居住民权利等相关议题的法律制定问题。

第二，加强对北极两大航道法律问题的研究。当前，我国对于该领域的研究涉及两个方面：一是关于俄罗斯对北部海航道的法律管制的研究；二是关于西北航道的法律地位研究。目前，俄罗斯对北部海航道实行了较为严格的法律管制，而其法规却和当前的国际法相冲突。这为如何用国际法解决北部海航道问题提出了新的挑战。同时，由于理论上西北航道不符合国际海洋法对于国际海峡的界定，因此对于其法律地位的界定等相关问题的解决仍需要研究。

第三，加强对极地法律制度和重要国家政策的研究，为研究制定有利于中国在极地利益的法律提供借鉴和基础。鉴于我国在极地科学考察利益的需要，应该加强对国际法和相关国家国内法对于极地考察等方面的规定，并以现有海洋法的解析和拓展作为我国出台相关法律的基础。通过相关法律问题的研究，并以此为基础尽快出台与中国极地利益相关的法律，同时加强与相关国家的合作，在国际合作中取得更多话语权。

第八章

北极领域军民融合问题

相对于南极，北极问题的现实性、斗争的激烈性更为突出，在国际政治领域已是一个现实热点，未来随着气温上升、冰川融化带来的北极航道开通、油气资源开发等议题，将越来越成为各国关注的焦点，无论是军事领域、非军事领域都将面临极大的挑战，同时也会迎来巨大的机遇。如何以军民融合的思路，从军民两个领域齐头并进，稳步加快进军北极的步伐，是摆在我们面前的一个重大现实课题。

随着各国对北极事务的重视与经营，北极丰富的科考资源、油气资源、渔业资源、航道资源等越来越体现出巨大的战略价值，由上述自然资源衍生出的政治价值、军事价值日益凸显，成为大国竞争的新焦点。除了美国、俄罗斯、加拿大等极地国家之外，日本、印度等一些区域外国家也不断加大对北极方向的关注和投入，对中国有效维护、拓展极地战略利益提出了严峻挑战。可以说，北极地区正日益成为全球聚焦、大国博弈的焦点，其战略价值不断凸显，迫切地需要我们从宏观全局上去运筹，以军民融合的方式，凝聚尽可能多的力量为我国在北极领域谋取更多战略利益。习主席深刻指出，把军民融合发展上升为国家战略，是我们长期探索经济建设和国防建设协调发展规律的重大成果，是从国家安全和发展战略全局出发做出的重大决策。在北极领域推进军民融合，具有重大而紧迫的现实意义。

军民融合式发展思想主要源于美国国会技术评估局1994年9月提出的国防工业"军民一体化"的建设思路，强调要把国防科技工业基础同更大的民用科技工业基础结合起来，组成一个统一的国家科技工业基础。所谓军民融合，一方面是军转民，将为军事目的而开发的高新技术运用于民用目的，使之转化为社会生产力，推动国民经济发展；另一方面是民转军，将经济社会中已有的民用技术服务于军事目的，减少另起炉灶式的重复投资。

战争中，军事对抗比拼的是国家战争潜力和国防实力，所涉及和需要的资源，几乎覆盖了整个国家的战略资源。未来的信息化战争，平战转换节奏更快，战争准备时间更短，战场打击效率更高，必须在很短的时间内聚合强大的战争能量，构筑全方位的安全防御和进攻体系。如果说战争的前台是军队的较量，那么战争的后台则是军民融合深度的较量。谁融合得快，谁就掌握主动；谁融合得深，谁就赢得先机。必须把军事需求牢牢贯穿于国家各项建设中，把作战能力建设深深植根于经济社会发展中，实现平时与战时、战争潜力与战争实力的顺畅转换。

从世界范围看，当代科技革命、产业革命和新军事变革的发展，使国防经济与社会经济、军用技术与民用技术的结合面越来越广，融合度越来越深。适应这种变化，世界各国军队都在作出适合自身特点的改革和调整，尤其强调将军队建设纳入国家总体战略规划，注重军事力量与经济社会协调发展，既保证军事实力较快增长，又力求综合国力迅速提高。

从北极领域来看，既有军事需求，也有民事需求，军地双方在北极领域各自具备明显优势，而且具有很好的互补性，开展军民融合前景广阔，无论是军转民，还是民转军，都具有巨大的发展空间。目前中国在北极领域的战略利益尚处在一个初级阶段，其在中国的总体战略利益结构中比重还比较有限，但从涉及到的领域来看，中国在北极地区的利益呈现出了多样性特征，涉及生态、环境、资源、运输、经济、政治、战略、安全等领域，而且已经呈现出了快速增长的态势，在中国发展建设全局中的作用日益提高。

一、北极领域军民融合的必要性

从国家层面看，将国防和军队建设融入国家经济社会发展体系之中，促使军、民两大体系之间信息互通、资源共享、良性互动、协调发展格局，是着眼国家安全和发展全局，遵循新形势下国防和军队现代化建设的特点规律，顺应世界新科技和军事革命发展趋势，实现富国强军相统一的有效途径。北极作为国家发展必须关注的一个重要领域，推进军民融合战略，不但是时代所需，更是形势所迫，必须在国家整体宏观布局之下，将国防建设和经济建设统筹融合，实现兼容型、双赢式发展。

（一）战略利益驱使，北极存在巨大安全需求

从前文我们分析可以看到，中国在北极地区的国家利益是综合性的，涵盖了军民多个领域。一直以来，从国家层面看中国投入关注更多的是在科考领域，在其他领域尤其是在军事领域关注较少，现有理论和实践也大多聚焦在科考活动以及北极航道的探索等方面。在各国纷纷加大对北极关注的今天，北极利益正在日益被瓜分。我们既需要探索以合作共赢的方式，更需要筹划以军事硬实力来谋取、维护中国在北极的战略利益。从现实来看，中

国在北极开展科考活动属于人类共同议题，对其他国家不会造成明显的威胁，尚不至于引起其他国家的干涉或抵制。但一旦将来要参与到资源开发、军事活动等敏感领域，必然会面临来自外部的阻力，必然会引起主要对手及相关国家的警惕、干扰甚至对抗。事实上，出于地缘战略的考虑，俄罗斯这一传统盟友在北极问题上很多时候不希望中国过多参与北极事务，尤其是在军事安全领域对中国警惕性很高，不希望中国染指北极。美国、加拿大等国家更是将中国视为敌手，千方百计对中国加以防范和制约，一旦中国加大经略北极的力度，必将受到这些国家包括军事手段在内的全面抵制。

比如北极航道问题。众所周知，这一航线将比航经苏伊士运河或巴拿马运河缩短航程 40% 以上，既可以减少海上运输成本，又可规避途经马六甲海峡、索马里海域等带来的风险，对中国外贸和经济发展具有直接而重要的影响，对中国振兴东北老工业基地、图们江地区开发等战略规划的实施也将带来新的机遇。但也要看到，除了恶劣的气象水文条件、复杂的综合保障等客观因素，北极航道所涉及的安全问题亦不容忽视。北极航道的开通将提高北冰洋沿岸国的地缘政治影响力，特别是那些航线经过海域的国家，将获得一定的对海上交通要道的支配权。"东北航线"的绝大部分需经过俄罗斯北方沿海，俄罗斯强调该航线位于其内水或专属经济区之内，暗示其拥有主权或管辖权。俄罗斯政府宣布开放"北方海航道"，对任何国家船只采取无歧视政策。但是经过的一些海峡属于俄罗斯的内水，俄罗斯要求外国船只需事先取得许可才能通行，并由俄罗斯强制实施破冰和导航服务，外国船只将为此付出高额费用。"西北航线"更多地需经由加拿大北方水域，加拿大政府宣称"西北航线"为其内水，拥有其主权。

北冰洋通向太平洋的航道须经白令海峡，狭窄的白令海峡平均宽度仅为40海里，南出白令海峡，横列着美国的阿留申群岛和俄罗斯的科曼多斯基群岛，使通过白令海峡的航线极易受到监视和封锁。特别是要看到，中国北极航道，无论是经"东北航线"还是走"西北航线"，都必须航经日本列岛诸水道、白令海峡及周边水域，无形中增加了日本、美国与中国战略博弈的筹码，对中国西北太平洋和北极方向海上交通运输安全提出了更高要求。

这些现实和潜在的安全压力，需要中国在开展北极相关民事活动的同时，及早将一些安全要素考虑在内，为将来可能的军事力量运用预设接口，统一标准，一旦形势需要，可以及时对接。

（二）军事存在短板，需要借力于民

现阶段要实现中国在北极地区的军事力量存在，必须借助民这个渠道。2014年3月11日，习近平总书记在出席十二届全国二次会议解放军代表团全体会议时指出，军队的使命是"加强部队全面建设，出色完成党和人民赋予的各项任务，为维护国家主权、安全、发展利益做出重要贡献。"随着中国国家利益整体布局不断完善和海外利益的不断增长，如何获取和维护北极战略利益已经成为一个重大现实问题。从现实来看，中国作为一个非极地国家，尽管在北极拥有巨大的战略利益，但现阶段通过单一军事手段来达到这一目标困难较多，还很难找到合适的切入点。一是现有北极战略态势尤其是军事安全态势较为复杂，北极八国之外任何一个国家如大张旗鼓加大在北极方向的军事活动，必将引起极大的抵制甚至反制。作为一个快速发展的大国，我国在海外的一举一动都容易引发世界关注，尤其是在军事领域，稍有不慎就容易引发敌对国家的恶意炒作，给中国带来国际压力。实际上即使是美俄等极地国家，很多时候也是采取以民掩军的方式，将军事意图贯穿于民事行为，以减小外界压力。二是现有军事能力还存在明显不足，比如航海保证部门现有的北极海域气象水文资料基本上来自公开渠道，缺乏可靠性和持续性，海军舰艇对北极地区活动经验近乎于零，其装备也还没有经过北极严寒环境的考验。目前中国海军舰船及舰载直升机系统大多不适用于在北冰洋方向使用，存在的主要问题包括：冰区航行、飞行无防护，如船体设计流线不适合冰区航行，钢板较薄且无相应加固，推进系统无相应防护，抗浮冰的冲击、撞击能力弱，进入冰区特别是在遭遇风暴时极易受损；直升机旋翼无防结冰系统不能使用，低温情况下系统反应慢、功率低甚至无法正常使用，如舱面机械系统，在极寒条件下由于机件收缩难以正常运转，暴露在外的管系易结冰爆裂，液压系统、转动装置因油料变稠、凝结而无法正常使用，海水冷却系统易因通海部分的管系结冰而导致动力系统和电力系统无法正常使用，直升机航电系统、动力系统及直升机舰面系统不能正常工作等。因此，需要以军民融合的思路开展北极活动，让军事力量以公开、和平的方式参与到北极活动，在实践中积累经验。

（三）军事能力可为开展民事行为提供必要支撑

从北极活动实践来看，许多国家一开始都是由军方以军事行动的方式来进行的，在获取了大量实践经验之后，各种民事行为才开始稳步推进。

比如，众所周知由于北极有海冰覆盖，深海的长期观测只能通过潜标来进行。因此，进行海冰厚度大范围观测的主要手段是潜艇的仰视声纳。美国的潜艇每年都在北冰洋进行海冰厚度观测，成为了解冰厚变化的主要手段。实际上早在 1995 年到 1999 年，美国就曾经实施过一项代号为 Skysacks 的计划，派核潜艇携带科考设备赴北极地区开展科学考察，其中在短短 6 个月时间里就曾有 4 艘核潜艇先后 5 次进入北极地区。实际上从目前来看，核潜艇也是开展北极海盆研究的最有效工具。在普通舰船包括常规潜艇通行北极航线方面，苏联海军也曾有过丰富的实践经验，其核潜艇在北极中心地带的冰层下开展活动所获得的经验，对于北极的探索和开发做出了实质性贡献。早在 1949 年，苏联就首次派其北方舰队的 3 艘常规潜艇经由北方航线前往太平洋舰队。由于经验不足，这几艘潜艇没能一次性通过这条航线，而是在提克西湾过冬，第二年才抵达符拉迪沃斯托克。1950 年 7 月初，北方舰队的另外 3 艘同型潜艇从伯利亚尼基地出发，在没有破冰设备保障的情况下环绕诺瓦捷姆利亚，随后在破冰船的引导下抵达了楚科奇海的无冰水域，在经历了多起险情之后，最终于 9 月 30 日抵达符拉迪沃斯托克。这些有益的经验对于苏联后来组织大量水面船只和潜艇通过北方航线起到了巨大的作用。1959 年 11 月，苏联还派其核潜艇"先驱 K-3 号"首次执行穿越北极冰层任务。通过持续多年的军事探索，苏联海军获得了丰富的北极地区水下航行经验，为在北极地区更广泛地执行各种任务铺平了道路，这些任务包括从太平洋向欧洲的港口快速输送重要物资、开发水下钻井平台以在北极大陆架开采石油和天然气等。

　　从军队尤其是海军来看，有效维护海洋权益、保障国家海上安全、支援国家经济建设是一项重要使命。随着北极航线开通，出于经济利益考虑，中国大量的海上贸易活动必然会将这个方向作为一个重要选项。与其他航线相比，这个方向也存在明显的安全隐患，比如恶劣的自然环境就极有可能引发自然灾害，对船舶航行产生威胁；一些国家有可能因资源开发产生矛盾和摩擦，引发一些危机事件；通航后大量商船的涌入还有可能会出现亚丁湾索马里海盗之类的现象。因此，维护中国北极航线安全的神圣使命，将史无前例地摆在海军面前。马汉有一句名言，叫做"军舰跟着商船走"。北极航线的稳定持久，北极资源的有效开发，都需要军队来提供可靠的安全保障。可见，在北极开展民事行为，以军事手段提供保障支持不但必要而且必须。

（四）北极领域的特殊性要求必须军民融合

北极地区的诸多自然属性对军事行动和民事行动产生的影响基本上是一致的，比如北冰洋冰山和浮冰对船舶航行的影响、高纬地区对通信导航的影响、气候变化对海上航行的影响、高寒温度对装备设施可靠性的影响等。因此，无论对于民用还是军用，在北极地区的行动规范和装备标准等方面具有明显的通用性。

美国在1989年5月出版了一部《北极地区使用设备的基本设计指南》，此报告就是由美国陆军寒区研究与工程设计实验室人员在海军民用工程设计实验室的相关研究成果基础上撰写而成，最初是为海军民用工程设计实验室编写的，作为支援海军完成水下设施的修建、保养任务的一部分工作，这一设计指南可以使军用或民用设计工程师掌握北极环境下使用设备时必须考虑的因素，后来在相当一个时期成为了军民通用标准。截止目前，包括"雪龙号"科考船、"永盛轮"在内的多艘民用船只已具有较为丰富的北极地区活动实践，对北极地区的气象水文、电磁环境等有深刻认识，在导航通信、应对海冰活动以及后勤装备保障方面等有很多经验，可以为后续开展相关军事行动提供有益借鉴。比如，从"永盛轮"航经北极期间通信导航设备的使用情况看，海事卫星通信设备在北纬77度以南水域可以正常工作，而在北纬77度以北则出现异常情况。电罗经在北纬75.5度以南水域工作基本正常，而在北纬75.5—77.9度之间误差在2度—5度之间，磁罗经估计因受到了"磁暴"的影响，产生的误差更大。GPS、船舶自动识别系统（AIS）、电子海图、雷达、组合电台等设备在整个航行期间均无异常。这些经验对于中国海军舰艇将来通行北极海区具有重要参考价值。

二、北极领域军民融合的可行性

近年来，在国家层面已经越来越重视军民融合，尤其是以习近平总书记为核心的党中央对军民融合高度重视，不但出台了政策法规，而且健全了组织领导机构，从宏观战略层面对军民融合进行统筹规划。除此之外，我国在军事航天等部分领域已经有过军民融合的成功经验，这些都为在北极领域推进军民融合奠定了良好的基础。

（一）中国实行军民融合的政策环境已经成熟

一是军民融合已经成为国家战略，成为国家发展全局的重要环节。

实际上在我国，军民融合既是国家战略，也是国防战略，是一项利国利军利民的大战略。2014年8月29日，习近平总书记在中央政治局第十七次集体学习时强调："我们的国防是全民的国防，推动国防和军队建设改革是全党全国人民的共同事业"。这就明确了我国国防的根本性质——全民国防。国防和军队建设是整个国家建设的重要组成部分，不是独立于国家建设之外的力量，因此，把国防和军队建设纳入国家经济社会发展体系之中，依靠全民、全社会的力量办国防。实际上，这也是军民融合的国防战略属性。

2016年3月25日，中共中央政治局召开会议，审议通过《关于经济建设和国防建设融合发展的意见》。会议指出，把军民融合发展上升为国家战略，是党中央从国家安全和发展战略全局出发作出的重大决策，是在全面建成小康社会进程中实现富国和强军相统一的必由之路，并对推进国家和地方军民融合领导机构建设，构建军民融合法治保障体系等提出了进一步要求。军民融合上升为国家战略以来，中央和省级军民融合发展领导机构相继成立运行，以各种方式推进这一战略落到实处。2017年，中央军民融合发展委员会两次召开全体会议，把军民融合发展写入党的十九大报告并写入党章。可以说，军民融合已经成为当前和今后较长一个时期经济社会发展和国防建设的指导性、方向性原则，具有鲜明的政策导向。

二是北极白皮书的出台，抬升了北极的战略地位，可以更好地凝聚军地力量，推动军民融合战略在北极领域的落实。

2018年1月26日发表的《中国的北极政策》白皮书，是中国政府在北极政策方面发表的首部白皮书。白皮书指出北极问题具有全球意义和国际影响，中国是北极事务的重要利益攸关方，阐明了中国在北极问题上的基本立场，全面介绍了中国参与北极事务的政策目标、基本原则和主要政策主张。北极治理需要各利益攸关方的参与和贡献，中国作为北极事务的积极参与者、建设者和贡献者，作为负责任的大国，应本着"尊重、合作、共赢、可持续"的基本原则，与有关各方一道抓住北极发展的历史性机遇，积极应对北极变化带来的挑战，共同认识北极、保护北极、利用北极和参与治理北极。积极推动共建"一带一路"倡议涉北极的合作，积极推动构建人类命运共同体，为北极的和平稳定和可持续发展作出贡献。白皮书的出台，首次从国家层面明确了北极的重要性，经略北极不再是某一领域或是某一部门的事情，而是一项关乎国家发展全局的重大战略性工程，需要不同领域、不同部门汇集力量，形成合力。这就从宏观政策层面对北极领域加强军民融合做了很好的政策铺垫。

（二）中国的国防工业体系已有长期军民融合实践

几十年来，中国的军工系统根据国民经济发展和市场需求，结合各自的技术、人才和资源优势，已经基本形成了军民结合的发展格局。比如，核工业在发展核电、核燃料工业的同时，积极开发辐射技术应用、防化产品、精细化工等；航天工业除了发展军用卫星、导弹等军品，也在大力发展通用卫星、运载火箭发射服务和卫星应用、通信设备、数控设备、新材料和计算机应用高技术产品；兵器工业除了发展军用装备，还以车辆为主，发展了机械、光电、化工三大系列产品。可以说，中国的核、航天、航空、船舶、兵器等行业依靠自己的产业领域和技术优势，在发展武器装备的过程中，形成了各自的技术特色和优势，开辟了一批军民两用技术发展应用的重点领域，如现代航空技术、商用火箭与卫星应用领域、核能和平应用领域、新兴船舶与海洋工程领域等，这些领域军民两用技术的应用与发展对促进我国战略性产业发展和国民经济产业升级起到了积极的推动作用，同时也对武器装备的发展提供了强有力的技术支撑。一批军用技术成果推广应用于国民经济相关领域，成为新的经济增长点；一批民用技术成果转化应用于武器装备研制和生产，提升了国防工业水平。

目前，中国的国防工业体系中已经包含了相当比例的军民融合成分，一些重要国防工程、武器装备往往都是由军地联手，共同完成的，如中国第一首国产航母军民融合率就达到了80%。

2018年，全国军民融合创新示范区建设稳步启动，国防军工领域已不再是一个封闭运行的体系，而是从多层次、全要素融入国家社会经济各领域。在国家战略规划上，与国家经济社会发展规划有效对接；在国家工业体系构成上，军工科技工业体系早已融入国家大工业体系；在军工产业结构上，已经从单纯军品型向军民一体型转变；在合作方式上，区域合作成为加快军民技术交流的一条重要渠道。

（三）军队在北极领域的使命任务与国家在北极地区的民事行为具有高度的一致性

有效维护海洋权益、保障国家海上安全、支援国家经济建设是军队的重要使命任务。随着北极航线开通，中国北极利益将增加新的内涵，维护中国北极航线安全，将成为军队的一项重要使命任务。军队将可能担负以下任务：

一是支援掩护任务。组织海空兵力赴北极地区巡航，对中国在北极地区的科考活动及参与资源开发等提供支援和掩护。

二是极地救援任务。派出海军救援船只在北极海区对遇险船只实施救援。

三是安全合作任务。在北极海区与有关国家开展联合护航、联合搜救等海上安全合作行动，包括交流相关情报信息，相互提供协助支援，进行联合演习等，共同维护北极地区安全。

四是情报侦察任务。派出综合侦察船、海洋调查船等，搜集掌握北极海区及周边军事情报和资源分布等信息。

五是保交破交任务。视情派出海空兵力，对航经日本海、西北太平洋和白令海，通过北极航道往返于欧洲和北美洲的我国船只实施护航。

军队要遂行上述使命任务，必须在预先筹划、力量部署、行动展开等全过程与地方相关部门保持密切沟通；而开展科学考察、船舶航行等民事行动，要获得可靠的安全保障，也离不开与军事部门的互通互联。这就从实践层面对军民融合提出了强烈的客观需求。

三、世界主要国家军民融合的经验

放眼世界，许多国家已经或正在实行军民融合模式。当然，受历史、国情等影响，不同国家的军民融合表现形式不尽相同，在融合目标、融合内容、融合方式等方面有所差异，但其本质是相似的，都是要着眼军民两个领域各自的特点和需求，实现优势互补。

（一）美国的"军民一体化"模式

二战后，美国推行的是"先军后民，以军带民"的政策和军民不兼容的国防采办制度，逐渐形成了一个民用和军工几乎是完全分离的两个市场。在这一政策下，美国取得了军事技术上的优势，但是经济和高技术竞争力的领先地位相对下降。随着冷战结束，美国削减了国防投入，国防科技工业受到冲击。为了能在国防投入减少的情况下仍然保持军事优势和国防科技工业的活力，美国提出国防采办扩大利用先进民用技术的军民兼容发展战略，在 1992 年制定了《国防工业技术转轨、再投资和过渡法》以推动军用技术转民用，并要求发展军民两用技术，随后《1993 年国防授权法》明确提出了要实行军事和民用工业基础一体化。

1994 年，美国国会技术评估局发布的研究报告《军民一体化的潜力评估》第一次把军民兼容作为国家的长远发展规划进行了国家层次上的总体设计，标志着美国军民兼容战略的全面展开。根据 2001 年的《美国国防报告》，美国原来军民分离的两个工业基础已基本融合为一。为了降低高技术武器的研制风险和开发成本，美国大力促进军民融合，能够利用民用技术的就尽量利用民用技术，从而使有限的国防资源得到了优化配置，使巨大的国防投资风险得到了最大限度的分散。可以看出，历史上美国国防工业部门一般是先开发军用技术，然后向民用转化，如 GPS 技术和互联网技术。但目前来看，美国更多的是强调将民用技术用于军事目的，如网络技术、无人值守技术、生物技术、纳米技术、人工智能等，美国认为这些源自民用领域的技术将是塑造未来美军能力的关键技术。比如，用于反潜的 SOSUS 固定水下监听系统，原本是一种海底固定声纳侦听网络，随着技术进步，美军推出了 SOSUS 系统的升级版 FDS 固定分布式系统，以满足舰队长期水下监视的需求。这种系统所采用的 FDS – C 采用的就是 COTS 民用技术，其用于提高声纳运算能力和算法的技术也是民用成熟技术 COTS。

（二）俄罗斯的"军民分离"模式

苏联的国防工业管理体制是在第二次世界大战后美苏开展军备竞赛特殊时期的历史产物，其国防工业部门可以优先获得大量资金和资源投入，曾膨胀到与国力极不相称的地步，体制上同其他经济部门严重分离，成为一个独立活动的领域。苏联解体后，俄罗斯继承了苏联大约 70% 的国防工业企业，80% 的科研生产能力，85% 的军工生产设备和 90% 的科技潜力。随着军费大幅削减，武器装备订货量锐减，国防工业处境艰难。与此同时，民用企业严重落后，不但不能适应国内市场需求，更难打入国际市场。为改变这一不利局面，俄罗斯政府出台了一系列推进国防工业军转民的政策。一是调整军工企业的所有制，形成军工企业集团，撤销了原来属于苏联部长会议的 9 个国防工业部，成立俄罗斯国防工业委员会，将军工企业从单一的国家所有制形式变为国家所有制、国有制与股份制相结合、股份制（完全私有化）三种形式。2001 年 10 月，俄罗斯通过了《2002～2006 年国防工业改革和发展计划》，开始其军事工业联合体的大规模改革。二是加强政府与军工企业的联系交流，组建民间性质的"俄罗斯国防企业联盟"，是国防企业同政府、议会和军方联系的重要纽带，也是有关国防工业的重要咨询和协调机构。三是制定和完善有关政府管理和军转民的法律和规章制度，在军转民战略思想指导下，先后出台了一系列有关军转民的政策法规，如 1990 年的《俄罗斯联邦国防工业军转民法》、1991 年的《1991～1995 年国防工业转产纲要》、1996 年的《1995～1997 年俄罗斯联邦国防工业转产专项计划》，1998 年俄罗斯国家杜马通过了《俄罗斯国防工业军转民法》，使军转民工作以法律的形式确定下来。四是明确武器装备采购工作中的原则要求，比如保证武器装备的标准化和通用性等。五是加强军品价格的控制。六是优先发展军民两用技术，以发挥国防工业体系所拥有的生产和科研潜力，逐步解决军工生产与国民经济脱节的问题。

（三）欧洲主要国家的"民技优先"模式

作为两次世界大战的战败国，德国没有独立的军工体系和国防科研体系，其武器装备的研制和生产通过合同委托方式交由地

方科研院所、高校和工业界，充分利用民间企业和科研机构，将
军品的科研生产纳入市场体系，由国防部的国防技术和采办总署
通过合同方式管理。这种国防科研体系，一方面消除了其他国家
对德国恢复军工潜力的担忧，另一方面使军工生产更好地纳入了
市场经济的轨道，减少了德国经济对军工订货的依赖。同时，也
有利于保留军事工业的骨干技术力量，促进了军工技术和民用技
术之间的相互转移。英国则沿袭了帝国时代巨大的工业基础，冷
战前实行"先军后民"政策，政府在新技术研发上投入比较大。
冷战结束后，英国削减了国防预算，为了弥补可能对国防高技术
发展造成的影响，英国制定了一系列政策措施，促进军民兼容发
展。1995年英国国防部国防鉴定与研究局和工业部门共同制定
了"开拓者计划"，着重从工业界角度考虑如何同国防部的科研
计划相结合。1999年英国国防部成立了国防技术转化局，致力
于民用技术为国防科技服务的工作，将两用技术开发作为一项战
略规划进行推广，并建立了一些两用技术中心，使军民互动成为
国防科技发展的重要推动力量。

　　冷战时期，法国强调建立一个完全独立的国防工业体系，其
军工企业绝大部分在国家的直接或间接控制下，并主要依赖军品
订货。在冷战结束前，法国国防工业80%直接或间接为国家所
有，国家对这些企业实行较强的行政干预，不主张大公司之间开
展竞争。冷战后，法国认识到，两用技术的开发应用不仅可以大
量节省科研生产经费，而且有利于国防工业的平战结合。

　　这些国家在军民融合领域的动因、发展路径、政策环境等不
尽相同，但仍可以找出一些共性作法为中国所借鉴。

　　一是在机制设计上，建立健全顶层架构以促使国防和军队建
设融入国家经济社会发展体系。

　　当然在具体实现形式上不同国家会有所不同。有的是实体化的国家安全委员会，除了决策功能，还具有落实决策的能力，如美国国家安全委员会、俄罗斯联邦安全委员会等；有的以国防部为最高协调机构，但这类国防部大多是行政权国防部或民政权国防部，即没有作战指挥员，不直接管理军队，更不参与指挥作战，其主要职责是协调民用领域与国防相关的活动，尤其是为国防和军队建设提供民用资源方面的协调与保障，如意大利国防部、土耳其国防部等；还有的是由虚设的最高议事机构来协调国防建设与经济建设相关事宜，但具体落实由国防部进行，这些国家也设有国家安全委员会或类似的事关国家安全的最高决策机构，但这种机构是议事性质的，并不是完全意义上的常设机构，在其决策后由国防部负责落实决策，如英国国防与海外政策委员会、日本安全保障会议。我国是由军民融合委员会对军民融合相关事宜实施决策并落实决策，与第一种情况类似。

　　二是在制度规定上，要有协调国防建设与经济社会发展的各种法律法规，具备良好的政策环境。

　　有的是在《宪法》中就对处理国防与民事相关事项作出了原则性规定，主要是对国防体制、总体与议会的国防权限作了一些界定，如美国《宪法》规定"美国总统是合众国陆海军和被征召服役的各州民团的总司令"；有的是《宪法》指导下的一系列相关军事法律，如美国的《国家安全法》《国防生产法》《国防专利法》《军事公共设施法》等；还有的是专门用以协调特殊领域民用部门与国防安全之间关系的立法，主要在战争动员、民防与国防教育等方面，如德国的《民防法》《联邦军事义务法》《交通保障法》等。此外，还有一些条例、规定或计划，主要是在出台正式法律之前，用于推动国防建设与经济社会发展相协调，如美国国防部旨在推动军方和工业界联合投资合作开发两用技术的"两用科学和技术计划"、英国旨在加强与军外研究力量信息交流的"探索者计划"和推动工业界学术界在国防预研领域合作的"灯塔计划"。

三是在国防科技与生产上，要探索建立军民一体化的国防工业体系。

其中包括建立推动军民一体化的专门协调机构，如美国在1993年成立的由国防部高级研究计划局局长担任主席跨部门的"国防技术转轨委员会"，其陆海空三军也都设有专门机构，加强与科学界和工业界的沟通，动态发布美军军事需求；法国成立由国防部武器装备总署、军种参谋部、工业界组成的一体化项目小组，推动建立军方与工业界的新型合作关系，鼓励企业参加武器装备采办竞争。建立一体化体系的一个重要环节就是大力发展军民两用技术、实现技术通用化，如英国专门成立了国防技术转化局，管理民用科研机构从事国防项目的合同和经费，采用竞争机制，鼓励具有较强技术力量的民用机构开发军用技术。此外，各国还普遍积极推动军用标准、民用标准交叉化，纷纷对军用标准进行改革，在装备采办过程中大力倡导使用民用标准和商业规范，以尽可能降低民转军的门槛。如美军自1994年以来，多次对军用标准和规范进行清理、审查，先后废止了4000多项军用规范和300多项军用标准，采纳了1800多项民用标准，鼓励承包商最大限度地采用满足军事需求的民用标准和性能规范，限制使用军事规范和标准，只有在确实没有民用标准可用，或者现有民用标准不能满足军事要求时才考虑使用军用标准，而且使用军用标准必须经过批准。

四是在经济社会发展上，充分考虑国防需求。

比如在大型基础设施建设时，把国防安全因素考虑在内，尽可能满足未来可能的军事需求。比如美国所有洲际公路每50千米就有一处飞机跑道，在一些路段还专门修建了应急机场。英国也有法律规定，高速公路必须每150千米修一个飞机跑道。美国《商船法》规定，申请新造船舶必须保证其技术指标能够满足战时军事用途，所有大中型船舶设计，要海军部长签字才能最后通过。尤其是在网络建设方面，许多国家也是充分借助现有民用网络基础，强调军事与民用部门的共建共享。如美国在通信基础网络建设上，区域骨干网络由军事部门自建，但同时在军事基地等接入点上采用租建民用基础网络，并在民用基础网络上预留国防和军事接口。俄罗斯的战略语音通信网络由各军种、各战区的专用通信系统和国家公用电话网组成，主干线是国家公用电话网的传输干线。

这些国家将和平时期的经济建设与战时军事需求有机结合起来，既为国家节省了数目可观的国防资金投入，又提升了国家的战备动员水平，避免了军地双方各自分头建设造成的重复投入、重复建设等浪费。

五是在支援保障上，尽量利用国民经济社会资源。

（1）提好军事需求，牵引民用技术发展。吸纳先进民用技术，实现民转军的最终目的是满足国防和军队建设需要，为打赢未来战争做好准备。应根据未来作战需要，明确军事能力发展目标，影响、促使民用技术发展与军事需求趋向一致。比如，2014年12月，俄罗斯首次提出"非核遏制"概念，将保证俄罗斯太空防御能力、确保在北极地区国家利益、建立和发展军事基础设施等作为优先目标，并制定了《2030年前武器装备与军事技术主要发展方向》的规划，确立了优先发展战略武器、空天防御武器和高超声速武器，吸引了许多民用企业的关注，并以此作为技术创新和发展的重要目标。

（2）强化规划计划，优化军地资源配置。这些主要军事强国在军民融合过程中特别注重发挥规划计划对资源的整合配置作用，在政策层面以规划、计划等方式，对资源需求、投入重点、补偿机制等予以明确，加强对各类军地资源的引导。比如美国为了推动"第三次抵消战略"，制定了"国防创新倡议计划"，在包括作战概念、技术、组织形态和国防管理四个方面，引导军外相关资金、技术等资源向军方需求聚焦，较好地实现了全方位整合军民资源。

（3）密切军地联系，促进双向技术转移。即军转民和民转军。国外主要国家普遍建立了由国防部牵头的技术转移机构，以促进军民技术双向互动转移。打破军民分割格局，需要在国家层面建立军民技术转移机制。同时，加强产学研一体化建设，高校、科研院所、军工集团和优势民营企业进行强强联合。

（4）完善政策制度，激发创新活力。发达国家通过采购制度、补偿制度、知识产权制度等方面改革，不断激发创新活力。如灵活运用合同、契约、协议等形式，鼓励有能力的企业通过市场参与公平竞争。

四、北极领域军民融合的宏观指导

（一）坚持"需求牵引、国家主导、市场推动"指导原则

习总书记指出："进一步做好军民融合式发展这篇大文章，坚持需求牵引、国家主导，努力形成基础设施和重要领域军民深度融合

的发展格局"。

1. 需求牵引

北极领域对世界新军事革命和军事科技创新有极强的敏感性，对军事创新有着强烈的危机感和紧迫感。同时，北极是一个兼具现实与长远战略价值的重要领域，同时又是一个大国博弈激烈的高度敏感领域，始终处在国际政治、经济、军事、科技斗争的前沿。可以说，国家经济社会发展建设的诸多领域都对北极提出了程度不一的需求，以军民融合的方式经略北极，必须要充分考虑到这些因素，统筹布局。

坚持需求牵引，就是要有明确的发展目标，需要什么就发展什么，重点是军民通用的特种舰艇及相关装备设计建造、导航定位能力、多平台指挥控制体系建设以及气象水文数据库建设等技术类领域，同时还要针对特殊的国际、地区格局，明确国际及地区合作目标、区域性机制的参与、相关规则的制定与修改等。

2. 国家主导

军民融合是一篇大文章，也是一个大市场，发挥国家主导和市场机制的作用，是在社会主义市场经济条件下，推进军民融合深度发展的现实路径。国家主导下发挥市场机制的作用，是由国防和军队建设的特殊性决定的，不能完全由市场来决定。就是要在国家主导下通过市场机制来实现军民融合深度发展，把国家主导和市场机制结合起来，充分调动各方面力量参与军民融合这个兴国强军的伟大实践。

坚持国家主导，就是要将一切北极领域相关行为纳入国家经济社会发展的整体布局，统一筹划。北极事务关系到军事、外交、科技、交通、人文等多个领域，要在国家层面设立单独或兼职的职能部门，对涉及北极领域的重大问题进行通盘考虑，集中决策，防止出现各行其是、重复发展等问题。北极议题的政治性、敏感性和相关军事需求的特殊性、保密性，要求必须在国家统一筹划下有计划、有组织、有秩序地实施，不能"一窝蜂"，一哄而起，表面上声势浩大，实际上没解决什么问题，更不能各地自行其是。

3. 市场推动

2014年3月11日，习总书记指出："实现强军目标，必须同心协力做好军民融合深度发展这篇大文章，既要发挥国家主导作用，又要发挥市场的作用，努力形成全要素、多领域、高效益的军民融合深度发展格局"。市场化是推动军民融合深度发展的重要因素，由市场化带来的利益驱动是确保军民融合可持续、健康发展的最直接、最有效动力。

实际上，从开发程度看，与北极相关的绝大多数领域尚处于开发初期，市场化刚刚起步，对军外资源来说，投入到北极领域，在北极领域开展军民融合，要面临回报期预期不确定的风险。因此，需要由国家政策来营造广阔市场前景，吸引关注，推动市场化。比如可以参考丝路基金模式，建立北极基金或类似重大国家专项，在国家层次迈出第一步，引导军地资源投入，逐步形成稳定市场。通过市场运转产生经济效益回报，形成一条从投入到产出的完整产业链，确保军外资源投入能够按照预期获取收益，从而推动军民融合持久发展。

（二）科学规划北极领域军民融合途径

1. 目标融合

在具体实践层面，军用民用因为具有不同的目标导向，往往追求不同效果。比如同样设计一艘用于北极地区航行的特种舰船，如果用于军事目的，首要考虑的往往是作战性能，包括机动性、隐蔽性、抗打击性以及与其他武器平台的兼容性等，较少考虑制造成本、设备维护费用、燃油消耗等经济因素；而如果用于民事目的，则首要考虑的是经济性，如制造成本、运行成本、后期维护升级改造成本等。因此在这一层面，军用民用要谋求目标一致难度较大。但在宏观战略层面，或者说在大目标上，则可以取得较大程度的一致性。

以美国为例，美国在造船业的军民融合上取得了成功经验。自19世纪中期以来，除战时生产达到顶峰之外，美国的造船业持续走低。由于激烈的全球性竞争和世界范围内造船业的衰退，美国大型民用船舶建造量几乎为零，人们越来越担心整个造船业基础的运行状况。加之冷战结束后美国对海军要求重新进行评估，随之而来的减少海军造船量，使得局面愈发恶化。到了20世纪80年代末，布什政府已经得出结论："单凭美国海军船舶工程将无法维持美国造船工业基础。"

从美国造船业的结构来看，包括建造、修理、检修船舶的造船厂，开发和建造船舶关键零件的部件生产商，研究新海上技术的研究机构，以及设计公司，而且这一行业还拥有造船厂、研究实验室、配套的海军工业中心，以及美国海军船舶采办机构组成的涵盖面广泛的公共部门。这个公共部门对于融合商业和国防基础的战略而言十分重要，其承担了大部分的修理、维护工作，对美国海军建设影响深远。比如，海军海上系统司令部1990年的一个报告称，超过500家主要设备分包商和数以千计的下级分包商参与了阿利·伯克级导弹驱逐舰的建造。毫无疑问，无论是提供和平时期的正常支援，还是处理战时损毁舰船的战斗损伤，都需要一个现代造船修船体系，保留美国造船业和修船业的工业水平已经成为了一个国家安全问题。其中，首要的就是要融合造船业的军用目标和民用目标，尽量促成二者的统一。1995年，美国国会技术评估局认为，美国造船业的军用目标包括：设计、开发、建造、支援有生海军部队；保留设计、工程和生产的技术基础；维修关键设施；降低海军舰船成本；增强关键技术的转移。民用目标包括确保盈利；保留设计、工程和生产的技术基础；维修关键设施；降低民用船舶成本；增强关键技术的转移。

可以发现，在军用民用各自五个优先考虑的目标中，有四个基本一致，但首要目标明显不同。仅仅这一条差异，就需要各自投入大量资金、技术等分头发展。所以，军民融合首先要做的就是要在发展目标上尽量趋同。

2. 标准融合

以军民融合方式经略北极事务，标准化问题十分关键，在船舶设计、导航定位、通信联络等通用领域，军民需求基本一致，军用民用应尽量实现技术指标一致，相互之间预留标准化的通联接口，便于军民需求对接。

从实践中看，国防工业与民用工业由于采用不同技术、不同规范标准、不同经营策略、不同生产方式等原因，往往会形成壁垒，军用标准化是实现标准融合，破解这一壁垒的有效手段。军用标准化是政府直接干预军品采办市场、规制国防工业，进而影响军民两用技术双向转移和国防科技资源合理配置的重要措施，在设立准入制度、保证军品质量、确立合理价格、完善市场机制方面都发挥着非常重要的作用。对军品研制而言，军用标准化的首要目标就是保证装备建设质量，满足军用要求，获得最佳军事效益，并优化装备体系结构，实现最佳经济效益。对装备采办市场而言，军用标准化的首要目的就是设置规矩，防止破坏性竞争和厂商的任意退出，保障国防工业产品的生产效率和供应稳定。

实际上，对于军方来说，更多的是要尽量采用军民统一标准，避免单独设立不必要的标准,增加保障难度。如美军就规定,凡是民用标准可以满足军事需求的,不得另行确立军用标准。

1992年,美国发布《国防工业技术转轨、再投资和过渡法》,提出打破国防工业与民用工业采用不同技术、不同规范标准、不同经营策略、不同生产方式形成的壁垒,以构建军品和民品共举的、统一的工业基础;1993年,美国克林顿政府提出"构建军民统一的工业基础";1994年,美国国防部推进军用标准改革,使民用技术更好地服务于军用标准,改革后,按照规定,非政府标准和民用项目在美国军用标准中所占的比例由25%上升至59%。俄罗斯在1998年《1998~2000年国防工业军转民和改组专项规划》中,也要求在航空航天、电子、通信设备等工业部门,要特别优先采用军民两用技术。通过这些举措,很大程度上消除了军民融合发展的技术障碍,打破了军民融合发展的技术标准壁垒。

3. 实践融合

军事力量参与现有合作平台。借助现有北极事务双边或多边合作平台,积极推动军事力量介入。随着北极航道通航时间的不断增加,北极航运无疑越来越吸引各国关注,围绕北极航运而来的坏境保护、应急救援、商船护航等问题成为需要考虑的现实问题。客观上来看,北极航运面临通航时间有限、天气难以预测、航海保证困难等时机问题,短期内很难成为稳定可靠的商业航线,即使北极航线较之其他选择大大缩短,也难以成为商业航运公司的首选。但从长远考虑,尤其是从军事角度看,推动舰船扩大在北极地区的活动对于提高北极军事能力、维护国家北极利益极为重要。在利益激励作用还不明显的时候,需要以政府意志促使大型国有航运公司将开发北极航运作为重要议题,将航行实践活动制度化、规范化、持续化,为军事需求提供实现途径。

具体可以有以下几项内容：

一是北极环境调查监测。通过科考船舶、商业船舶以及陆基监测等方式，由民间了力量对海洋水文、海冰和海洋气象等进行调查监测，利用船载设备或浮标对极地海洋环境噪声进行测量，开展北冰洋海底大地测量、航道策略、海图编制和海区资料汇编等，为将来海军舰艇在北极地区活动提供支撑保障。

二是装备适应性测试。由科考、商业船只将相关装备设施带至北极地区开展恶劣环境下适应性试验，完成模拟军事任务，以确定装备制造标准、极限使用参数等。

三是开展北极环境资料整编分析。以科考力量为主，在系统收集和整理处理国内外北极环境资料的基础上，建立军用北极环境资料标准数据集、数据库系统和极地环境信息军地共享服务平台，制造系列北极环境统计分析产品，建立军地极地环境信息安全交换平台，实现军地之间极地环境信息安全交换与共享，为北极军事应用环境保障等提供技术支撑。

附录

相关国家极地政策

中国《中国的南极事业》

2017 年 5 月

前 言

南极对全球气候变化和人类生存发展具有重要影响。探索南极的未知，增进科学知识，保护南极环境，促进人类社会可持续发展，是全人类的共同使命。

经过 30 多年的发展，中国的南极事业从无到有，由小到大，取得了举世瞩目的辉煌成就。中国是国际南极治理机制的参与者、维护者和建设者。作为南极条约协商国，中国坚定维护《南极条约》宗旨，保护南极环境，和平利用南极，倡导科学研究，推进国际合作，努力为人类知识增长、社会文明进步和可持续发展作出应有的贡献。

适逢第 40 届南极条约协商会议召开之际，中国政府愿借此机会介绍中国南极事业的发展，以加强了解、增进互信、深化合作，与国际社会共同推进南极事业的可持续发展。

一、中国发展南极事业的基本理念

南极地处荒寒之隅，四面环海，环境独特，是探求地球演变和宇宙奥秘的天然实验室，对全球气候变化具有关键影响。南极作为全球环境和资源的新空间，对人类发展进程具有十分重要的意义。

以《南极条约》为核心的南极条约体系是国际社会处理南极事务的法律基石。《南极条约》对于主权的处理，体现了人类文明发展和治理智慧的进步。南极条约体系保证了和平利用，保障了科学自由，促进了国际合作，对保护南极环境和生态系统做出了重大贡献。

中国一贯支持《南极条约》的宗旨和精神，秉持和平、科学、绿色、普惠、共治的基本理念，致力于维护南极条约体系的稳定，坚持和平利用南极，保护南极环境和生态系统，愿为国际治理提供更加有效的公共产品和服务，推动南极治理朝着更加公正、合理的方向发展，努力构建南极"人类命运共同体"。

中国致力于提升南极科学认知。中国鼓励开展南极考察和科学研究，加大科学投入，加强南极科学探索和技术创新，增强南极科技支撑能力，普及南极科学知识，增进对南极认知积累，不断提升国际社会应对全球气候变化的能力。

中国致力于加强南极环境保护。中国主张南极事业发展以环境保护为重要方面，倡导绿色考察，提倡环境保护依托科技进步，保护南极自然环境，维护南极生态平衡，实现可持续发展。

中国致力于维护南极和平利用。中国秉持"相互尊重、开放包容，平等协商、合作共赢"的理念，维护南极和平稳定的国际环境，遵守南极条约体系的基本目标和原则，坚持以和平、科学和可持续的方式利用南极。

二、南极考察历程

中国南极考察以探索未知、增进认知与和平利用为目的，坚持把考察作为保护南极、利用南极的基础，围绕国际南极前沿科学和环境问题开展考察。

中国南极考察始于 1980 年前后，经历了准备初创阶段（1980 年至 2000 年）和发展壮大阶段（2001 年至 2015 年）。1979 年 5 月，中国成立国家南极考察委员会。1979 年 12 月至 1980 年 3 月，中国首次派出两名科学家参加澳大利亚国家南极考察队。1984 年 11 月，中国派出首次南极考察队。30 多年来，已初步形成国家南极观测网，建立了以政府机构、研究院所、高等院校等组成的南极基础科学考察和研究体系。中国组织开展了 33 次南极考察活动，开展了地球科学、生命科学、天文学等多学科考察。先后完成 10 次内陆冰盖综合考察、2 次东南极内陆冰盖大范围航空地球物理调查、7 次环南大洋综合海洋调查。建设南北极北斗卫星导航系统基准站，建立南极区域大地基准体系。测绘和编制了覆盖南极近 30 万平方千米的各类地图 400 多幅，命名了 300 余条南极地名，出版了《南北极地图集》。在南极共回收陨石 12017 块，拥有量位居世界第三，为中国月球和火星等深空探测发挥了重要作用。

经过多年发展，中国在南极综合保障、能力建设、文化宣传和科普教育等方面取得了长足进步。

（一）南极考察基础设施体系初步建成

中国秉持与国家经济发展规模和速度相匹配的原则，适应科研能力不断增强的趋势，逐步建设和完善南极考察与科学研究的基础设施，满足不断增长的科研需求。1985 年中国在西南极乔治王岛建立首个常年考察站—长城站；1986 年，"极地号"抗冰船首航南极。1989 年在东南极拉斯曼丘陵建立第二个常年考察站—中山站。1994年，"雪龙"号考察船投入使用。1996 年，组建内陆考察车队。2007 年，在上海建成极地考察国内基地。2009 年，在南极内陆冰盖最高点冰穹 A 上建立首个内陆考察站—昆仑站。2014 年，建立具有中继站功能的泰山站（营地）。2015 年，首架固定翼飞机"雪鹰

601"正式投入南极考察运行。目前，已经初步建成涵盖空基、岸基、船基、海基、冰基、海床基的国家南极观测网，基本满足南极考察活动的综合保障需求。

（二）南极考察活动范围和领域不断拓展

以 1984 年对西南极南设得兰群岛区域的考察为起点，中国每年都派出考察队开展多学科综合考察。1989 年，首次开展东南极拉斯曼丘陵和普里兹湾区域考察。1996 年，首次对南极内陆进行考察，成为国际上有能力开展南极内陆考察的 8 个国家之一。2005 年，到达南极冰盖最高点冰穹 A 地区展开考察，成为首个从陆路到达该区域的国家。在 2007 年至 2008 年的国际极地年期间，组织实施普里兹湾—埃默里冰架—冰穹 A 的综合大断面考察计划（英文简称"PANDA 计划"）。2012 年，启动实施国家"南北极环境综合考察与评估"专项。自 1986 年起先后 7 次完成环南大洋考察。2012 年加入南大洋观测系统（SOOS）。

（三）南极文化宣传和科普教育成果丰硕

中国坚持推动南极知识普及和文化传播。目前已在国内 11 个城市建立 1 个极地科普馆和 10 个极地科普基地，开展公众开放、科普展览、知识竞赛、专题讲座等经常性极地科普宣传活动。举办了 9 届包含南极知识在内的全国大中学生海洋知识竞赛，并将南极知识写入中小学教材，增进社会公众，尤其是青少年对南极的科学认知。

三、南极科学研究

中国将南极科学研究作为认识南极、保护南极、利用南极的重要途径，持续加大南极基础科学研究力度，积极开展国际南极科学前沿问题研究，在南极冰川学、空间科学、气候变化科学等领域取得一批突破性成果。依托南极考察活动，组织全国科研力量和资源参与南极科学研究，初步建立一支门类齐全、体系完备、基本稳定的科研队伍，组建涵盖南极海洋、测绘遥感、大气化学等领域的重点实验室，推动南极科学研究由单一学科研究向跨学科综合研究发展。

南极科学研究水平稳定上升。中国科学家在南极科研领域发表的《科学引文索引》（SCI）论文数量从1999年的19篇上升到2016年的157篇，目前全球位居前10位。先后在《自然》（nature）、《科学》（science）等国际顶级杂志发表论文3篇，实现了中国在南极科研领域的重要突破。中国南极科研覆盖了太空、大气、海洋、冰川、地体所有的南极垂直圈层。国家自然科学基金和国家科技计划不断加大对南极研究的投入。据不完全统计，2001年至2016年的科研项目投入达3.1亿元人民币，是1985年至2000年的18倍。

在海洋科学调查与研究领域，在船基平台基础上，发展潜标、浮标等多种原位观测技术，形成多学科海洋观测系统平台，在物理海洋学、生物海洋学、海洋化学、海洋气象学、海洋生物学等方面取得显著进展。

在南极冰川学观测与研究领域，完成中山站至昆仑站断面综合观测研究，安装多套自动气象站，获得系统的冰川化学、冰川物理学、气象气候学综合数据和冰下地形数据。完成冰穹A冰厚分布及其冰盖下甘布尔采夫山脉地形的详细勘测，在国际上首次揭示该山脉核心区域高山纵谷的原貌地形，在南极冰盖起源与演化研究方面取得重大突破。在昆仑站所在的南极内陆冰穹A区域建立深冰芯钻探系统，钻取深度已达800米，可为反演十万年乃至百万年时间尺度气候变化提供信息。

在固体地球科学观测与研究领域，建立菲尔德斯半岛区域地层序列，测定火山地层年代，在普里兹湾识别出泛非期构造热事件，突破传统南极大陆形成模式。开展格罗夫山区域的地质调查与研究，详细描述了上新世早期以来东南极冰盖进退演化历史过程，丰富了科学界对全球海平面升降变化的认识。开展埃默里冰架东缘—普里兹湾沿岸地区地质调查，编制普里兹造山带 1：50 万地质图，确认了南极泛非期普里兹构造带为碰撞造山带。利用自主遥感卫星数据，完成查尔斯王子山、格罗夫山等地区 1：5 万比例尺地形图测绘。调查东南极西福尔丘陵东南侧带状冰碛物，确定该区域存在年龄达 35 亿年的古太古代地块，说明物源区的岩石组成相对较为单一。在南极内陆成功布设 10 台南极内陆天然地震计，初步具备对格罗夫山和拉斯曼丘陵天然地震的连续监测能力，获得南极板块高精度地壳与岩石圈结构。开展南极航空摄影测量工作，获得拉斯曼丘陵、菲尔德斯半岛地区航空影像图和航测地形图。完成南极遥感参数的现场采集和标定等工作，开展遥感测图、冰流速和冰雪变化等研究。

在大气科学观测与研究领域，在南极建立长城气象站和中山气象台，纳入南极基本天气站网（ABSN）和南极基本气候站网（AB-CN），并加入世界气象组织的观测网。长城站和中山站的气象资料已有 30 年，成为研究南极气候变化的重要基础。2002 年以来，先后在南极冰盖上安装 6 套自动气象站，获取的数据填补了中山站到冰穹 A 观测资料的空白。在极区大气边界层结构和能量平衡、大气环境、海冰变化规律、海—冰—气相互作用及对我国气候影响的遥相关机制等方面取得重要成果。

在气候变化研究领域，南极普里兹湾 73°E 的多学科监测断面被纳入国际气候变化及预报（CLIVAR）长期监测断面及监测系统。开展南大洋海冰自身变化规律研究及海冰变化与地球气候系统特别是与中国气候的关系研究。发现南大洋水团对全球变化的不同响应趋势，并揭示该区域主要生源要素生物地球化学的作用特征和行为方式，建立了南大洋碳循环和碳通量估算的技术和方法。在南极绕极流、南大洋的锋面和涡旋、普里兹湾的环流、海洋—冰架相互作用等领域取得重要进展。

在空间科学观测与研究领域，利用南极中山站特殊地理位置，建立极区高空大气物理观测系统，并纳入"东半球空间环境地基综合监测子午链"国家重大科技基础设施项目（"子午工程"），到2010年，建成南北极共轭观测对，观测要素涵盖极光、极区电离层和地磁。利用观测数据对极隙区电离层特征进行了系统研究，并在国际上首次观测到极区等离子体云块的完整演化过程。

在南极天文观测与研究领域，在昆仑站安装3套南极天文保障平台，完成南极冰穹A地面视宁度的实测，获得极夜期间天光背景亮度、大气消光、极光影响等实测数据。开展对大气边界层高度和大气湍流强度的监测，对太赫兹波段透过率进行了连续监测，借助2台南极巡天望远镜（有效通光口径50cm）和1台南极亮星巡天望远镜（有效通光口径30cm）获得了大量巡天数据，为我国太空观测从北半天拓展到南半天奠定了基础。

在生命科学观测与研究领域，实施菲尔德斯半岛陆地、淡水、潮间带和浅海生态系统的考察研究，定量分析各亚生态系统的关键成分和主要特征，建立生态系统相互作用模型。从2012年起，在南极长城站开展生态环境本底考察，初步确立长城站区域生态环境观测站点、观测要素与观测方法体系。开展极端环境下的医学研究，对考察队员进行系统生理和心理适应性研究，获得不同环境、考察时间和任务的生理心理适应模式，探讨了南极特殊环境下生命科学的基础问题。

在开展南极基础科学研究的同时，中国还十分重视南极科研成果的应用与服务，探索建立南极科研应用服务体系和制度机制，逐步扩大服务领域。依托国家"863"计划、"973"计划和国家科技支撑计划，开展冰盖稳定性、海—冰（冰架）—气相互作用、海洋酸化等国际重大科技前沿问题专项研究，对政府间气候变化专门委员会（IPCC）的全球气候变化科学评估工作做出重要贡献。建立南极海冰和大气数值预报系统，每天定时提供南极地区数值天气和海冰预报产品。加入国际南极数据共享平台，建立中国极地科学数据共享网和标本资源共享平台，促进南极数据和样品全球共享。着眼南极科技发展对资源可持续利用的关键作用，设立南极海洋生物资源开发与利用项目，开展南极磷虾科学调查、探捕评估工作。开展南极海冰密集度遥感数据分析，为在极区航行的中外船舶提供航线规划参考和冰区航行导航服务。

四、南极保护与利用

中国将保护南极作为关乎全人类可持续发展的重要内容，主张在南极条约体系框架下，保护南极环境和生态系统，和平利用南极，促进可持续发展。

（一）法规制度建设

中国依据南极条约体系的要求，制定国内法规和规范性文件，在和平利用南极的同时，规范管理南极活动，有效保护南极环境和生态系统。2004 年，中国国务院颁布第 412 号令，对南、北极考察活动实行审批制度。2014 年，中国国家海洋局发布《南极考察活动行政许可管理规定》，对可能给南极环境和生态系统带来较大影响的 6 类活动进行许可管理，将环境影响评估文件作为申请南极考察获得许可的必要材料之一。中国还持之以恒推进南极立法，致力于将南极环境保护与利用工作纳入更高层级的法制化轨道。此外，中国国家海洋局还颁布了《极地考察要素分类代码和图式图例》（HY/T221－2017）等3项海洋行业标准，推进极地考察工作规范化发展。

（二）环境保护措施

中国南极考察形成了"以南极条约体系的相关规定为核心，以法规制度为主线，以现场措施及设备配置为实践"的环境保护和管理体系，将南极环境保护工作的重心由事中向事前转移，形成"事前管控、事中严控、事后巡控"的环保管理格局。中国要求所有南极考察项目必须首先进行环境影响评估；对赴南极现场工作的人员进行有针对性的教育和培训；在考察站区建立先进的废物、污水处理系统，实行垃圾分类管理措施，尽可能减少产生废物的总量并尽可能将废弃物带回国内处理；对"雪龙"号考察船燃油和动力系统进行升级改造，使用更加环保的轻油作为燃料，与正在新建的极地考察破冰船一起，切实遵守南极条约体系有关防止海洋污染的规定以及国际海事组织（IMO）制定的极地航行规则。在历次南极考察中设置环境督导官员，负责环境保护督导工作。近年来，中国更是将考察站区的环境整治作为重点任务之一，以实际行动遵守南极环保要求，履行国际义务。针对中国南极游客不断增多的趋势，要求国内从事南极旅游的经营者熟悉国际规则和操作模式，切实做好南极环境保护和游客安全等工作。

（三）参与南极区域保护和管理

中国重视有特殊价值南极区域的保护和管理工作，依据《关于环境保护的<南极条约>议定书》确立的区域保护和管理机制，单独或联合设立了多个南极特别保护区和南极特别管理区。2008年，中国首次主动、单独提议设立了格罗夫山哈丁山南极特别保护区。中国还与澳大利亚、俄罗斯、印度等国联合提议设立了阿曼达湾南极特别保护区、斯托尼斯半岛南极特别保护区和拉斯曼丘陵南极特别管理区，确保这些区域的环境得到有效保护，促进了有关各方的交流合作。目前，中国正积极推动设立冰穹A昆仑站南极特别管理区，以保护冰穹A区域特殊的科学和环境价值。中国还在南极长城站站区设立了两个历史遗址和纪念物，以纪念作为国际南极考察活动重要组成部分的中国南极考察工作。

（四）生物资源研究与利用

中国注重对南极海洋生物资源的合理利用，严格根据南极海洋生物资源养护委员会制定的养护措施，参与磷虾资源和生态系统的科研评估，可持续开发利用南极磷虾资源。从2009年开展南极磷虾捕捞作业以来，截至2016年11月底，年均磷虾产量约3万吨。

中国还稳步开展南极生物勘探工作，在鱼类基因组及其进化、微生物多样性与新型酶和活性次级代谢物研究等重要方面形成了众多新认识。中国在南极微生物菌株资源储备和研究方面取得重要进展，微生物培养技术、微生物多样性的非培养技术得到大幅提升。极地微生物的保藏储备在5000株以上，已经鉴定并在《国际系统与进化微生物学》（IJSEM）等国际刊物上发表新属5个、新种28个。

五、参与南极全球治理

中国是南极条约体系的坚定维护者，认为南极条约体系是维护南极地区和平、稳定、合作的基石。中国鼓励国际合作，保护南极环境和生态系统，合理利用南极海洋生物资源。中国主张各国南极活动应遵守《南极条约》等国际公约、条约和协定，在国际南极事务中平等协商、一致决定，致力于人类更好地认识南极、保护南极、利用南极。中国积极参与南极全球治理，将南极视为打造人类命运共同体的最佳实践区，努力为人类和平利用南极提出中国理念，贡献中国智慧。

1983 年，中国批准加入《南极条约》。1985 年，中国成为南极条约协商国。1994 年，中国批准《关于环境保护的〈南极条约〉议定书》，之后又陆续批准了该议定书的 5 个附件，并在南极活动中予以严格执行。2006 年，中国批准加入《南极海洋生物资源养护公约》，并成为南极海洋生物资源养护委员会成员国，开始全面参与南极海洋生物资源的养护和合理利用。1986 年，中国成为南极研究科学委员会的正式成员国。1988 年，中国成为国家南极局局长理事会的创始成员国。

1985 年以来，中国作为南极条约协商国派团出席了历届南极条约协商会议，积极参与相关管理规则的讨论和制定，先后单独或联合提交了 74 份工作文件和信息文件。2007 年以来，中国每年派团参加南极海洋生物资源养护委员会和科学委员会会议，积极参与科学研究监测与评估、养护措施的制定与执行工作和决策。中国重视南极区域保护和管理工作，倡导以保护科学价值和环境价值等为目标，合理开展南极区域保护。中国致力于务实建立罗斯海保护区、强调保护和利用双重目标之间的平衡。中国积极主张的合理利用、科研自由、建立本底数据和标准化的科研监测计划以及日落条款等观点，被纳入国际社会设立的罗斯海保护区的养护措施。中国认为，罗斯海保护区的建立是所有成员国多年共同努力的结果，科学依据是实现保护区设立目标的基础，各方应以保护区建立为起点，加强委员会在保护区科研和监测等方面的合作，为有效实现保护区的养护目标做出贡献。中国积极参加南极条约协商会议等会间工作组工作，对推进相关议题讨论、规则制定发挥了重要作用。

中国认真行使《南极条约》赋予的权利，重视开展南极视察工作，确保南极的和平利用与环境保护。1990 年、2015 年，分别对南极乔治王岛地区部分考察站进行视察，并向南极条约协商会议提交视察报告。

中国认真履行《南极条约》各项国际义务，积极开展信息交换。中国在 2008 年、2013 年、2014 年南极条约协商会议上分别提交中国南极昆仑站、泰山站（营地）、罗斯海维多利亚地新建站的初步或综合环境影响评估报告。积极参与电子信息交换系统的建设完善，按时提交季前、年度及基础信息。

中国重视支持南极国际组织的管理和运行工作，选派人员参与日常工作，推荐专家担任重要职务。先后有多人担任南极海洋生物资源养护公约科学委员会、国家南极局局长理事会、南极研究科学委员会的副主席。中国注重参与南极研究科学委员会和国家南极局局长理事会的各项工作，履行相关义务，推动国际科研项目的协调和科学成果的交流，促进南极后勤保障和考察站运行管理的国际合作。

中国认为，南极治理与全球治理紧密关联，主张秉持《南极条约》的有关宗旨和精神，不断加强科学研究和国际合作，积极应对海洋保护和可持续利用以及气候变化等全球性挑战，注重船舶在极地水域的航行安全和环境保护。

中国一贯重视极地科学数据的管理和共享，积极为国际南极治理提供公共产品和服务。1999 年，中国建立极地科学数据库系统。2003 年，中国成立国家南北极数据中心，并加入南极研究科学委员会（SCAR）下属的南极数据管理委员会（SCADM）。2013 年，中国成为南大洋观测系统数据委员会（SOOS – DMSC）成员，正式参与南大洋观测系统的数据管理与共享工作。中国正在申请成为世界数据系统（WDS）的正式成员，积极参与可持续北极观测网（SAON）和北极数据委员会（ADC）的数据政策与共享机制讨论。中国为 100 余项国际科研项目提供了信息数据服务，用户来自美国、俄罗斯、印度、日本、英国等 10 多个国家和地区。中国还向国际社会发布极地生物、极地冰雪、极地岩矿、极地陨石和极地沉积物 5 大类标本信息。

六、国际交流与合作

中国认为，南极国际交流与合作是开展和拓展南极事业的最重要内容之一。中国秉持《南极条约》的国际合作精神，积极拓展国际合作领域，加大国际合作力度，努力推动多边、双边和区域国际合作，打造南极合作伙伴关系网络。

（一）多边交流与合作

多边国际合作是中国积极开展南极国际交流与合作的最重要平台。中国加入了《南极条约》、《关于环境保护的南极条约议定书》和《南极海洋生物资源养护公约》等，并在其中发挥了重要乃至引领作用。中国积极参与国际重大科研项目合作。2007

年，中国首次参与第四次国际极地年活动组织和策划，制定了"国际极地年中国行动计划"，在南极执行中国"PANDA 计划"、国际合作计划和数据共享与公众宣传计划。2014 年，中国参与国际南极科技发展规划的"南极和南大洋地平线扫描"及技术保障规划"南极路线图挑战"的研讨及制定。中国参与国际南大洋观测系统（SOOS），组织该系统亚洲研讨会，加入南大洋观测系统数据管理委员会。

（二）双边交流与合作

双边科研合作是中国积极开展南极国际交流与合作的最重要途径。在南极考察与科学研究领域，中国积极开展与相关国家的双边合作，打造南极合作伙伴关系网络。中国和美国在南极科学研究中开展多项合作，南极合作已纳入中美战略与经济对话成果清单。中国和俄罗斯持续加强南极合作，科研合作已纳入两国政府间海洋领域合作协议框架，并在后勤设施共享方面开展务实合作。中国和挪威在极地领域交流顺畅，两国关系实现正常化后，双方正商讨于 2017 年签署部门间南北极合作的谅解备忘录。中国与比利时、德国、法国、意大利、英国和欧盟等在南极研究、保障、科普等领域也开展广泛合作，高校和研究机构之间的交流互访频繁，还签署了多个政府间或研究机构间合作协议。

中国和大洋洲、南美洲国家在南极考察领域的合作源远流长，在现场考察、合作研究等方面开展了深入合作。2014 年，中国和澳大利亚签署《关于南极与南大洋合作的谅解备忘录》和《南极门户合作执行计划》。1999 年，中国和新西兰签署了南极合作的声明。2014 年，两国又签署《关于南极合作的安排》。中国与智利在南极领域一直保持良好合作关系，两国在南极半岛地区共同开展 3 次联合航次考察。2010 年，两国还签署了所际间极地研究合作协议。2016 年，中国与乌拉圭签署《关于南极领域合作的谅解备忘录》。中国与秘鲁、巴西等南美国家的有关南极事务的合作和交流也在不断深化。

中国在亚洲国家南极考察和研究合作中发挥了建设性作用，为区域内国家开展南极考察提供了有效的支撑保障平台。中国与日本、韩国在南极考察和研究中的交流与合作由来已久，研究机构之间签订双边合作协议，在现场考察中加强互助和协调。中国推动区域国家加强南极交流与合作，与日本、韩国倡导发起成立了"极地科学亚洲论坛"。该论坛是亚洲唯一的区域性极地科学合作组织，目的在于加强亚洲国家之间的协调，鼓励和推进亚洲国家在极地科学研究方面的合作与发展，目前共有 5 个正式成员国和 4 个观察员国。2013 年和 2016 年，中国和泰国分别签署了所际间《南极合作谅解备忘录》和《极地科学研究合作谅解备忘录》，支持泰方科学家参与中国南极考察。

（三）其他交流与合作

中国南极事业的发展离不开国际合作与支持，在考察站建设、运行和救援等方面与澳大利亚、俄罗斯、美国、新西兰、智利等国开展了相互协作。随着南极活动能力的持续提升，中国秉承《南极条约》的合作精神，互惠互助，积极开展后勤、人员培训、搜救等方面的国际合作。中国长城站与周边智利、俄罗斯、乌拉圭、韩国、阿根廷等站点，中山站与周边俄罗斯、印度、澳大利亚站点，在交通运输、物资支持、医疗援助等后勤工作方面保持经常性的互助合作。

"雪龙"号考察船和"雪鹰601"固定翼飞机发扬国际人道

主义精神,多次参与南极救助行动。2013年至2014年,"雪龙"号考察船与澳大利亚"南极光"号考察船通力合作,成功救援俄罗斯"绍卡利斯基院士"号船。2016年,"雪龙"号考察船参与澳大利亚的"南极光"号破冰船在莫森站搁浅的事故救援。2015年至2016年,"雪鹰601"固定翼飞机参与澳大利亚戴维斯站飞行员遇险事故的救助。

中国重视和其他南极事务的利益攸关方加强对话和交流。

七、愿景与行动

南极关乎人类生存和可持续发展的未来,建设一个和平稳定、环境友好、治理公正的南极,符合全人类共同利益。作为南极条约协商国,中国将坚定不移地走和平利用南极之路,坚决维护南极条约体系稳定,加大南极事业投入,提升南极基础设施和综合保障能力,提高南极科学考察和研究水平,增强南极环境保护能力,推动南极国际交流与合作,在南极全球治理中发挥更加积极的建设性作用,提供更加有效的公共产品和服务,加强南极知识和文化的宣传教育,提升社会公众南极意识。

2016年,中国发布《国民经济和社会发展第十三个五年规划纲要》,提出要实施"雪龙探极"重大工程。"十三五"是中国全面推进海洋强国建设的关键时期,通过新建南极考察站、新建先进破冰船、提升南极航空能力、初步构建南极区域的陆—海—空观测平台、研发适用于南极环境的探测技术装备、建立南极环境与资源潜力信息和业务化应用服务平台等措施,中国希望在深入推进极地科学认知的基础上,大力增强保护南极、利用南极以及参与南极治理的能力,推动中国南极事业迈上新台阶。

未来,中国愿意与国际社会一道,共同认识南极、保护南极、利用南极，推动建立更加公正合理的国际南极治理机制，携手迈进，打造南极"人类命运共同体"，为南极乃至世界和平稳定与可持续发展做出新的更大的贡献。

中国《中国的北极政策》

2018 年 1 月

前　言

近年来，全球气候变暖，北极冰雪融化加速。在经济全球化、区域一体化不断深入发展的背景下，北极在战略、经济、科研、环保、航道、资源等方面的价值不断提升，受到国际社会的普遍关注。北极问题已超出北极国家间问题和区域问题的范畴，涉及北极域外国家的利益和国际社会的整体利益，攸关人类生存与发展的共同命运，具有全球意义和国际影响。

中国倡导构建人类命运共同体，是北极事务的积极参与者、建设者和贡献者，努力为北极发展贡献中国智慧和中国力量。为了阐明中国在北极问题上的基本立场，阐释中国参与北极事务的政策目标、基本原则和主要政策主张，指导中国相关部门和机构开展北极活动和北极合作，推动有关各方更好参与北极治理，与国际社会一道共同维护和促进北极的和平、稳定和可持续发展，中国政府发表本白皮书。

一、北极的形势与变化

北极具有特殊的地理位置。地理上的北极通常指北极圈（约北纬 66 度 34 分）以北的陆海兼备的区域，总面积约 2100 万平方千米。在国际法语境下，北极包括欧洲、亚洲和北美洲的毗邻北冰洋的北方大陆和相关岛屿，以及北冰洋中的国家管辖范围内海域、公海和国际海底区域。北极事务没有统一适用的单一国际条约，它由《联合国宪章》《联合国海洋法公约》《斯匹次卑尔根群岛条约》等国际条约和一般国际法予以规范。

北极的大陆和岛屿面积约 800 万平方千米，有关大陆和岛屿的领土主权分别属于加拿大、丹麦、芬兰、冰岛、挪威、俄罗斯、瑞典、美国八个北极国家。北冰洋海域的面积超过 1200 万平方千米，相关海洋权益根据国际法由沿岸国和各国分享。北冰洋沿岸国拥有内水、领海、毗连区、专属经济区和大陆架等管辖海域，北冰洋中还有公海和国际海底区域。

北极域外国家在北极不享有领土主权，但依据《联合国海洋法公约》等国际条约和一般国际法在北冰洋公海等海域享有科研、航行、飞越、捕鱼、铺设海底电缆和管道等权利，在国际海底区域享有资源勘探和开发等权利。此外，《斯匹次卑尔根群岛条约》缔约国有权自由进出北极特定区域，并依法在该特定区域内平等享有开展科研以及从事生产和商业活动的权利，包括狩猎、捕鱼、采矿等。

北极具有独特的自然环境和丰富的资源，大部分海域常年被冰层覆盖。当前，北极自然环境正经历快速变化。过去 30 多年间，北极地区温度上升，使北极夏季海冰持续减少。据科学家预测，北极海域可能在本世纪中叶甚至更早出现季节性无冰现象。一方面，北极冰雪融化不仅导致北极自然环境变化，而且可能引发气候变暖加速、海平面上升、极端天气现象增多、生物多样性受损等全球性问题。另一方面，北极冰雪融化可能逐步改变北极开发利用的条件，为各国商业利用北极航道和开发北极资源提供机遇。北极的商业开发利用不仅将对全球航运、国际贸易和世界能源供应格局产生重要影响，对北极的经济社会发展带来巨大变化，对北极居民和土著人的生产和生活方式产生重要影响，还可能对北极生态环境造成潜在威胁。在处理涉北极全球性问题方面，国际社会命运与共。

二、中国与北极的关系

中国是北极事务的重要利益攸关方。中国在地缘上是"近北极国家"，是陆上最接近北极圈的国家之一。北极的自然状况及其变化对中国的气候系统和生态环境有着直接的影响，进而关系到中国在农业、林业、渔业、海洋等领域的经济利益。

同时，中国与北极的跨区域和全球性问题息息相关，特别是北极的气候变化、环境、科研、航道利用、资源勘探与开发、安全、国际治理等问题，关系到世界各国和人类的共同生存与发展，与包括中国在内的北极域外国家的利益密不可分。中国在北冰洋公海、国际海底区域等海域和特定区域享有《联合国海洋法公约》《斯匹次卑尔根群岛条约》等国际条约和一般国际法所规定的科研、航行、飞越、捕鱼、铺设海底电缆和管道、资源勘探与开发等自由或权利。中国是联合国安理会常任理事国，肩负着共同维护北极和平与安全的重要使命。中国是世界贸易大国和能源消费大国，北极的航道和资源开发利用可能对中国的能源战略和经济发展产生巨大影响。中国的资金、技术、市场、知识和经验在拓展北极航道网络和促进航道沿岸国经济社会发展方面可望发挥重要作用。中国在北极与北极国家利益相融合，与世界各国休戚与共。

中国参与北极事务由来已久。1925 年，中国加入《斯匹次卑尔根群岛条约》，正式开启参与北极事务的进程。此后，中国关于北极的探索不断深入，实践不断增加，活动不断扩展，合作不断深化。1996 年，中国成为国际北极科学委员会成员国，中国的北极科研活动日趋活跃。从 1999 年起，中国以"雪龙"号科考船为平台，成功进行了多次北极科学考察。2004 年，中国在斯匹次卑尔根群岛的新奥尔松地区建成"中国北极黄河站"。截至 2017 年年底，中国在北极地区已成功开展了八次北冰洋科学考察和 14 个年度的黄河站站基科学考察。借助船站平台，中国在北极地区逐步建立起海洋、冰雪、大气、生物、地质等多学科观测体系。2005 年，中国成功承办了涉北极事务高级别会议的北极科学高峰周活动，开亚洲国家承办之先河。2013 年，中国成为北极理事会正式观察员。近年来，中国企业开始积极探索北极航道的商业利用。中国的北极活动已由单纯的科学研究拓展至北极事务的诸多方面，涉及全球治理、区域合作、多边和双边机制等多个层面，涵盖科学研究、生态环境、气候变化、经济开发和人文交流等多个领域。作为国际社会的重要成员，中国对北极国际规则的制定和北极治理机制的构建发挥了积极作用。中国发起共建"丝绸之路经济带"和"21 世纪海上丝绸之路"（"一带一路"）重要合作倡议，与各方共建"冰上丝绸之路"，为促进北极地区互联互通和经济社会可持续发展带来合作机遇。

三、中国的北极政策目标和基本原则

中国的北极政策目标是：认识北极、保护北极、利用北极和参与治理北极，维护各国和国际社会在北极的共同利益，推动北极的可持续发展。

认识北极就是要提高北极的科学研究水平和能力，不断深化对北极的科学认知和了解，探索北极变化和发展的客观规律，为增强人类保护、利用和治理北极的能力创造有利条件。

保护北极就是要积极应对北极气候变化，保护北极独特的自然环境和生态系统，不断提升北极自身的气候、环境和生态适应力，尊重多样化的社会文化以及土著人的历史传统。

利用北极就是要不断提高北极技术的应用水平和能力，不断加强在技术创新、环境保护、资源利用、航道开发等领域的北极活动，促进北极的经济社会发展和改善当地居民的生活条件，实现共同发展。

参与治理北极就是要依据规则、通过机制对北极事务和活动进行规范和管理。对外，中国坚持依据包括《联合国宪章》《联合国海洋法公约》和气候变化、环境等领域的国际条约以及国际海事组织有关规则在内的现有国际法框架，通过全球、区域、多边和双边机制应对各类传统与非传统安全挑战，构建和维护公正、合理、有序的北极治理体系。对内，中国坚持依法规范和管理国内北极事务和活动，稳步增强认识、保护和利用北极的能力，积极参与北极事务国际合作。

通过认识北极、保护北极、利用北极和参与治理北极，中国致力于同各国一道，在北极领域推动构建人类命运共同体。中国在追求本国利益时，将顾及他国利益和国际社会整体利益，兼顾北极保护与发展，平衡北极当前利益与长远利益，以推动北极的可持续发展。

为了实现上述政策目标，中国本着"尊重、合作、共赢、可持续"的基本原则参与北极事务。

尊重是中国参与北极事务的重要基础。尊重就是要相互尊重，包括各国都应遵循《联合国宪章》《联合国海洋法公约》等国际条约和一般国际法，尊重北极国家在北极享有的主权、主权权利和管辖权，尊重北极土著人的传统和文化，也包括尊重北极域外国家依法在北极开展活动的权利和自由，尊重国际社会在北极的整体利益。

合作是中国参与北极事务的有效途径。合作就是要在北极建立多层次、全方位、宽领域的合作关系。通过全球、区域、多边和双边等多层次的合作形式，推动北极域内外国家、政府间国际组织、非国家实体等众多利益攸关方共同参与，在气候变化、科研、环保、航道、资源、人文等领域进行全方位的合作。

共赢是中国参与北极事务的价值追求。共赢就是要在北极事务各利益攸关方之间追求互利互惠，以及在各活动领域之间追求和谐共进。不仅要实现各参与方之间的共赢，确保北极国家、域外国家和非国家实体的普惠，并顾及北极居民和土著人群体的利益，而且要实现北极各领域活动的协调发展，确保北极的自然保护和社会发展相统一。

可持续是中国参与北极事务的根本目标。可持续就是要在北极推动环境保护、资源开发利用和人类活动的可持续性，致力于北极的永续发展。实现北极人与自然的和谐共存，实现生态环境保护与经济社会发展的有机协调，实现开发利用与管理保护的平衡兼顾，实现当代人利益与后代人利益的代际公平。

四、中国参与北极事务的主要政策主张

中国参与北极事务坚持科研先导，强调保护环境、主张合理利用、倡导依法治理和国际合作，并致力于维护和平、安全、稳定的北极秩序。

（一）不断深化对北极的探索和认知

北极具有重要的科研价值。探索和认知北极是中国北极活动的优先方向和重点领域。

中国积极推动北极科学考察和研究。中国尊重北极国家对其国家管辖范围内北极科考活动的专属管辖权，主张通过合作依法在北极国家管辖区域内开展北极科考活动，坚持各国在北冰洋公海享有科研自由。中国积极开展北极地质、地理、冰雪、水文、气象、海冰、生物、生态、地球物理、海洋化学等领域的多学科科学考察；积极参与北极气候与环境变化的监测和评估，通过建立北极多要素协同观测体系，合作建设科学考察或观测站、建设和参与北极观测网络，对大气、海洋、海冰、冰川、土壤、生物生态、环境质量等要素进行多层次和多领域的连续观测。中国致力于提高北极科学考察和研究的能力建设，加强北极科考站点和科考船只等保障平台的建设与维护并提升其功能，推进极地科学考察破冰船的建造工作等。

中国支持和鼓励北极科研活动，不断加大北极科研投入的力度，支持构建现代化的北极科研平台，努力提高北极科研能力和水平。大力开展北极自然科学研究，加强北极气候变化和生态环境研究，进一步推动物理、化学、生命、地球等基础学科的发展。不断加强北极社会科学研究，包括北极政治、经济、法律、社会、历史、文化以及北极活动管理等方面，促进北极自然科学和社会科学研究的协同创新。加强北极人才培养和科普教育，支持高校和科研机构培养北极自然和社会科学领域的专业人才，建立北极科普教育基地，出版北极相关文化产品，提高公民的北极意识。积极推进北极科研国际合作，推动建立开放包容的国际北极环境监测网络，支持通过国际北极科学委员会等平台开展务实合作，鼓励中国科学家开展北极国际学术交流与合作，推动中国高校和科研机构加盟"北极大学"协作网络。

技术装备是认知、利用和保护北极的基础。中国鼓励发展注重生态环境保护的极地技术装备，积极参与北极开发的基础设施建设，推动深海远洋考察、冰区勘探、大气和生物观测等领域的装备升级，促进在北极海域石油与天然气钻采、可再生能源开发、冰区航行和监测以及新型冰级船舶建造等方面的技术创新。

（二）保护北极生态环境和应对气候变化

中国坚持依据国际法保护北极自然环境，保护北极生态系统，养护北极生物资源，积极参与应对北极环境和气候变化的挑战。

1. 保护环境

中国始终把解决全球性环境问题放在首要地位，认真履行有关国际条约的义务，承担环境保护责任。中国积极参加北极环境治理，加强北极活动的环境影响研究和环境背景调查，尊重北极国家的相关环保法规，强化环境管理并推动环境合作。

海洋环境是北极环境保护的重点领域。中国支持北冰洋沿岸国依照国际条约减少北极海域陆源污染物的努力，致力于提高公民和企业的环境责任意识，与各国一道加强对船舶排放、海洋倾废、大气污染等各类海洋环境污染源的管控，切实保护北极海洋环境。

2. 保护生态

北极是全球多种濒危野生动植物的重要分布区域。中国重视北极可持续发展和生物多样性保护，开展全球变化与人类活动对北极生态系统影响的科学评估，加强对北极候鸟及其栖息地的保护，开展北极候鸟迁徙规律研究，提升北极生态系统的适应能力和自我恢复能力，推进在北极物种保护方面的国际合作。

3. 应对气候变化

应对北极气候变化是全球气候治理的重要环节。中国一贯高度重视气候变化问题，已将落实"国家自主贡献"等应对气候变化的措施列入国家整体发展议程和规划，为《巴黎协定》的缔结发挥了重要作用。中国的减排措施对北极的气候生态环境具有积极影响。中国致力于研究北极物质能量交换过程及其机理，评估北极与全球气候变化的相互作用，预测未来气候变化对北极自然资源和生态环境的潜在风险，推动北极冰冻圈科学的发展。加强应对气候变化的宣传、教育，提高公众对气候变化问题的认知水平，促进应对北极气候变化的国际合作。

（三）依法合理利用北极资源

北极资源丰富，但生态环境脆弱。中国倡导保护和合理利用北极，鼓励企业利用自身的资金、技术和国内市场优势，通过国际合作开发利用北极资源。中国一贯主张，开发利用北极的活动应遵循《联合国海洋法公约》《斯匹次卑尔根群岛条约》等国际条约和一般国际法，尊重北极国家的相关法律，并在保护北极生态环境、尊重北极土著人的利益和关切的前提下，以可持续的方式进行。

1. 参与北极航道开发利用

北极航道包括东北航道、西北航道和中央航道。全球变暖使北极航道有望成为国际贸易的重要运输干线。中国尊重北极国家依法对其国家管辖范围内海域行使立法权、执法权和司法权，主张根据《联合国海洋法公约》等国际条约和一般国际法管理北极航道，保障各国依法享有的航行自由以及利用北极航道的权利。中国主张有关国家应依据国际法妥善解决北极航道有关争议。

中国愿依托北极航道的开发利用，与各方共建"冰上丝绸之路"。中国鼓励企业参与北极航道基础设施建设，依法开展商业试航，稳步推进北极航道的商业化利用和常态化运行。中国重视北极航道的航行安全，积极开展北极航道研究，不断加强航运水文调查，提高北极航行、安全和后勤保障能力。切实遵守《极地水域船舶航行安全规则》，支持国际海事组织在北极航运规则制定方面发挥积极作用。主张在北极航道基础设施建设和运营方面加强国际合作。

2. 参与油气和矿产等非生物资源的开发利用

中国尊重北极国家根据国际法对其国家管辖范围内油气和矿产资源享有的主权权利，尊重北极地区居民的利益和关切，要求企业遵守相关国家的法律并开展资源开发风险评估，支持企业通过各种合作形式，在保护北极生态环境的前提下参与北极油气和矿产资源开发。

北极富含地热、风能等清洁能源。中国致力于加强与北极国家的清洁能源合作，推动与北极国家在清洁能源开发的技术、人才和经验方面开展交流，探索清洁能源的供应和替代利用，实现低碳发展。

3. 参与渔业等生物资源的养护和利用

鱼类资源受气候变化等因素影响出现向北迁移趋势，北冰洋未来可能成为新渔场。中国在北冰洋公海渔业问题上一贯坚持科学养护、合理利用的立场，主张各国依法享有在北冰洋公海从事渔业资源研究和开发利用活动的权利，同时承担养护渔业资源和保护生态系统的义务。

中国支持就北冰洋公海渔业管理制定有法律拘束力的国际协定，支持基于《联合国海洋法公约》建立北冰洋公海渔业管理组织或出台有关制度安排。中国致力于加强对北冰洋公海渔业资源的调查与研究，适时开展探捕活动，建设性地参与北冰洋公海渔业治理。中国愿加强与北冰洋沿岸国合作研究、养护和开发渔业资源。中国坚持保护北极生物多样性，倡导透明合理地勘探和使用北极遗传资源，公平公正地分享和利用遗传资源产生的惠益。

4. 参与旅游资源开发

北极旅游是新兴的北极活动，中国是北极游客的来源国之一。中国支持和鼓励企业与北极国家合作开发北极旅游资源，主张不断完善北极旅游安全、保险保障和救援保障体系，切实保障各国游客的安全。坚持对北极旅游从业机构与人员进行培训和监管，致力于提高中国游客的北极环保意识，积极倡导北极的低碳旅游、生态旅游和负责任旅游，推动北极旅游业可持续发展。

中国坚持在尊重北极地区居民和土著人的传统和文化，保护其独特的生活方式和价值观，以及尊重北极国家为加强北极地区居民能力建设、促进经济社会发展、提高教育和医疗水平所作努力的前提下，参与北极资源开发利用，使北极地区居民和土著人成为北极开发的真正受益者。

（四）积极参与北极治理和国际合作

中国主张构建和完善北极治理机制。坚持依法规范、管理和监督中国公民、法人或者其他组织的北极活动，努力确保相关活动符合国际法并尊重有关国家在环境保护、资源养护和可持续利用方面的国内法，切实加强中国北极对外政策和事务的统筹协调。在此基础上，中国积极参与北极国际治理，坚持维护以《联合国宪章》和《联合国海洋法公约》为核心的现行北极国际治理体系，努力在北极国际规则的制定、解释、适用和发展中发挥建设性作用，维护各国和国际社会的共同利益。

中国主张稳步推进北极国际合作。加强共建"一带一路"倡议框架下关于北极领域的国际合作，坚持共商、共建、共享原则，重点开展以政策沟通、设施联通、贸易畅通、资金融通、民心相通为主要内容的务实合作，包括加强与北极国家发展战略对接、积极推动共建经北冰洋连接欧洲的蓝色经济通道、积极促进北极数字互联互通和逐步构建国际性基础设施网络等。中方愿与各方以北极为纽带增进共同福祉、发展共同利益。

在全球层面，中国积极参与全球环境、气候变化、国际海事、公海渔业管理等领域的规则制定，依法全面履行相关国际义务。中国不断加强与各国和国际组织的环保合作，大力推进节能减排和绿色低碳发展，积极推动全球应对气候变化进程与合作，坚持公平、共同但有区别的责任原则和各自能力原则，推动发达国家履行在《联合国气候变化框架公约》《京都议定书》《巴黎协定》中作出的承诺，为发展中国家应对气候变化提供支持。中国建设性地参与国际海事组织事务，积极履行保障海上航行安全、防止船舶对海洋环境造成污染等国际责任。中国主张加强国际海事技术合作，在国际海事组织框架内寻求全球协调一致的海运温室气体减排解决方案。中国积极参与北冰洋公海渔业管理问题相关谈判，主张通过制定有法律拘束力的国际协定管理北冰洋公海渔业资源，允许在北冰洋公海开展渔业科学研究和探捕活动，各国依据国际法享有的公海自由不受影响。

在区域层面，中国积极参与政府间北极区域性机制。中国是北极理事会正式观察员，高度重视北极理事会在北极事务中发挥的积极作用，认可北极理事会是关于北极环境与可持续发展等问题的主要政府间论坛。中国信守申请成为北极理事会观察员时所作各项承诺，全力支持北极理事会工作，委派专家参与北极理事会及其工作组和特别任务组的活动，尊重北极理事会通过的《北极海空搜救合作协定》《北极海洋油污预防与反应合作协定》《加强北极国际科学合作协定》。中国支持通过北极科技部长会议等平台开展国际合作。

在多边和双边层面，中国积极推动在北极各领域的务实合作，特别是大力开展在气候变化、科考、环保、生态、航道和资源开发、海底光缆建设、人文交流和人才培养等领域的沟通与合作。中国主张在北极国家与域外国家之间建立合作伙伴关系，已与所有北极国家开展北极事务双边磋商。2010 年，中美建立了海洋法和极地事务年度对话机制。自 2013 年起，中俄持续举行北极事务对话。2012 年，中国与冰岛签署《中华人民共和国政府与冰岛共和国政府关于北极合作的框架协议》，这是中国与北极国家缔结的首份北极领域专门协议。中国重视发展与其他北极域外国家之间的合作，已同英国、法国开展双边海洋法和极地事务对话。2016 年，中国、日本、韩国启动北极事务高级别对话，推动三国在加强北极国际合作、开展科学研究和探索商业合作等方面交流分享相关政策、实践和经验。

中国支持各利益攸关方共同参与北极治理和国际合作。支持"北极 - 对话区域"、北极圈论坛、"北极前沿"、中国 - 北欧北极研究中心等平台在促进各利益攸关方交流合作方面发挥作用。支持科研机构和企业发挥自身优势参与北极治理，鼓励科研机构与外国智库、学术机构开展交流和对话，支持企业依法有序参与北极商业开发和利用。

（五）促进北极和平与稳定

北极的和平与稳定是各国开展各类北极活动的重要保障，符合包括中国在内的世界各国的根本利益。中国主张和平利用北极，致力于维护和促进北极的和平与稳定，保护北极地区人员和财产安全，保障海上贸易、海上作业和运输安全。中国支持有关各方依据《联合国宪章》《联合国海洋法公约》等国际条约和一般国际法，通过和平方式解决涉北极领土和海洋权益争议，支持有关各方维护北极安全稳定的努力。中国致力于加强与北极国家在海空搜救、海上预警、应急反应、情报交流等方面的国际合作，妥善应对海上事故、环境污染、海上犯罪等安全挑战。

结束语

北极的未来关乎北极国家的利益，关乎北极域外国家和全人类的福祉，北极治理需要各利益攸关方的参与和贡献。作为负责任的大国，中国愿本着"尊重、合作、共赢、可持续"的基本原则，与有关各方一道，抓住北极发展的历史性机遇，积极应对北极变化带来的挑战，共同认识北极、保护北极、利用北极和参与治理北极，积极推动共建"一带一路"倡议涉北极合作，积极推动构建人类命运共同体，为北极的和平稳定和可持续发展作出贡献。

美国第 66 号国家安全总统指令/
第 25 号国土安全总统指令
2009 年 1 月 9 日

目的

1. 本总统指令阐述了美国有关北极地区的政策并指导相关的执行行动,它取代了第 26 号总统指令/NSC – 26 (PDD – 26; 1994 年颁行) 有关北极政策的部分,但未取代南极政策部分; 26 号总统指令将只对南极政策有效。

2. 在一定程度上,本总统指令的执行需与以下各项保持一致: 美国的宪法及法律、美国作为缔约方所签订的公约及其他国际协议中规定的义务、包括海洋法在内的得到美国认可的国际惯例法。

背景

作为北极国家,美国在该地区拥有诸多的应得利益。本总统指令涉及但不局限于以下各项:

1. 经更改的涉及国土安全和防御的国家政策;

2. 气候变化及北极地区日益增加的人类活动对其带来的影响;

3. 北极理事会的建立及其不懈的工作;

4. 对北极地区资源丰富与环境脆弱这一事实的认识日益加深。

政策

1. 本政策

（1）符合有关北极地区的国家安全和国土安全的要求；

（2）保护北极环境，保护北极生物资源；

（3）确保该地区自然资源管理和经济发展环境的可持续性；

（4）加强北极八国之间的合作（美国、加拿大、丹麦、芬兰、冰岛、挪威、俄罗斯联邦、瑞典）；

（5）使北极原住社区能参与影响他们自身的决定；

（6）加强针对当地、区域以及全球环境问题的科学监测和研究。

2. 北极地区有关的国家与国土安全利益

（1）美国在北极地区拥有广泛且根本的国家安全利益，并准备独自或与其他国家一起保护这些利益。这些安全利益包括如下各项：导弹防御和预警；战略海上补给、战略威慑、海事活动及海事安全所需的海上部署及空中系统；确保航海及飞越领空的自由。

（2）在北极地区，防止恐怖袭击、打压可能增加美国不稳定性的非法或敌对行动等问题上，美国也具有根本的国土安全利益。

（3）北极地区的主要问题在于领海权；就此而论，现有的包括有关法律实施在内的海事政策及机构，依然适用。人类在北极地区的活动日益增加，并且预计，未来几年内该区域的人类活动将进一步上升。这要求美国采取更积极、更有影响的措施确保其在北极的存在，以此来维护其在北极的利益，并展示其在该区的海上势力。

（4）美国依据下述各项的法律诉求行使其在北极地区的权力：国家主权及司法权，包括其在领海的主权、在美国专属经济区和大陆架的主权和司法权、及其对美国周边区域的控制权。

（5）自由航行权具有国内最高优先权。西北航道为用于国际航海的海峡，北方航道包括用于国际航海的海峡；过境通行制度适用于经过这些海峡的航道。在北极地区拥有的航海及飞越领空的权利和义务是我们在全世界，包括战略海峡地区行使这些权利的基础。

（6）执行：为在北极地区执行有关国家安全和国土安全利益的政策，美国国务卿、国防部、国土安全部部长及其他相关政府部门和机构负责人应当：

a. 根据需要，在北极地区发展更大的能力和力量，以保护美国在北极地区的陆、海、空边界；

b. 增强北极领海权意识，以保护海上贸易、重要基础设施及关键资源；

c. 维护美国军用和民用船舶及航空器通过北极地区的全方位机动性；

d. 强调美国在北极地区的航海权利（凸显美国在北极海事的实质性地位），保护美国的根本利益；

e. 鼓励以和平方式解决北极地区的争端。

3. 国际监管

（1）美国积极加入各类会议、国际组织并参与双边协议，以增进美国在北极的利益。这些组织包括北极理事会、国际海事组织、野生生物资源保护与管理协议，以及诸多其他机构。鉴于北极变化及人类活动的增加，美国及其他政府应酌情考虑出台新的国际协议，或对现有协议予以深化补充。

（2）在其有关环境保护和可持续发展的有限授权内，北极理事会已对美国产生了积极影响。在美国政府部门的帮助下，理事会附属机构已制定并实施了多个有关议题的计划。此外，理事会还提供了必要场所，以推进与北极原住民团体的合作。按照美国观点，北极理事会应在其当前的授权范围内针对相关议题保持其高水平论坛的性质，而无需转变为正式的国际组织，尤其是分摊会费的国际组织；不过在一定程度上，美国仍然支持更新理事会结构，包括其附属机构的合并，或运作层面的改变，从而显著提高理事会的工作，并符合理事会的一般性授权。

（3）北极地区的地缘政治完全不同于南极地区，因此不适合、也不需要仿效南极条约制定涉及诸多方面的"北极条约"。

（4）参议院应尽快就美国加入《联合国海洋法公约》事宜，向联合国大会积极申请，以保护并增进包括北极在内的美国利益。加入该条约，有利于美国国家安全利益，包括我国在世界范围内的陆海空三军的海上交通利益。这将巩固美国在广大海域的主权，包括这些海域所含的宝贵自然资源。加入该条约将促进美国在海洋环境卫生方面的利益，并为美国在关系重大的、有关本国利益的讨论和解释中谋得一席之地。

（5）执行：为执行有关国际监管的政策，美国国务卿、国防部、国土安全部部长及其他相关政府部门和机构负责人应当：

a. 继续就北极问题与其他国家展开合作，并通过下述途径来进行：通过联合国及其专门机构与其他国家开展合作；通过有关的国际公约与其他国家开展合作，如：联合国气候变化框架公约、濒临绝种野生动植物国际贸易公约、远程越界空气污染公约及其议定书等；通过蒙特利尔议定书，就导致臭氧层减少的物质与其他国家展开合作。

b. 酌情考虑（制定）新的国际协议，或对现有协议予以深化补充，以解决该区域内因人类活动增加可能带来的问题，包括航运、当地区域发展及生存、海洋生物资源开发、能源与其他资源开发及旅游等；

c. 审查北极理事会在科学评论范畴内提出的政策建议，确保这些政策建议得到北极国家政府的审议；

d. 继续就加入 1982 年海洋法公约事宜，寻求美国参议院的意见及同意。

4. 大陆架延伸及边界问题

（1）确定美国能够对北极海床以及底土区域的自然资源行使主权对于我国能源安全、资源管理和环境保护方面的利益至关重要，这些自然资源包括石油、天然气、甲烷水合物、矿物以及海洋生物物种等。我国取得大陆架延伸的国际认可与法律确认的最有效途径，是通过《联合国海洋法公约》缔约国所适用的程序。

（2）美国和加拿大在波弗特海的边界尚未确定。美国政策主张：在等距离的基础上确定其在本地区的边界。美国承认边界区域可能含有石油、天然气、及其他资源。

（3）美俄遵守 1990 年确定的海洋边界条约的有关条款，条款生效事项待定。本条约经俄罗斯联邦签署后即刻生效。

（4）执行：为贯彻涉及大陆架延伸及边界问题的这一政策，美国国务卿、国防部、国土安全部部长及其他相关政府部门和机构负责人应当：

a. 采取一切必要行动，确定美国所属的、位于北极地区及其他地区大陆架外部界限，在国际法律许可范围内，应尽可能将其外延；

　　b. 对大陆架延伸定界时，应考虑自然资源的保护与管理；

　　c. 继续敦促俄罗斯联邦签署 1990 年美俄海洋边界协议。

　　5. 推动国际科学合作

　　（1）科研对推进美国在北极地区的利益至关重要。美国在北极地区成功开展科研活动需要能便利地进入整个北冰洋及北极陆域，以及借助于切实可行的国际机制来共享研究平台，及时交换样本、数据及分析结果等。加强与俄罗斯联邦的合作，和便利地在俄罗斯领土上（开展研究工作）尤为重要。

　　（2）美国积极推进与其他国家共享北极研究平台，以支持协作研究，进而促进对北极地区的基本了解，尤其是北极地区的潜在变化。合作机构包括北欧理事会和欧洲极地研究协会，以及一些国家的机构。

　　（3）要对区域性的未来环境及气候变化做出准确预测，并将近实时的信息传递给终端用户，需要从整个北极地区获取，分析并分发准确的信息，这些信息包括古气候数据及观测数据。为便于收集北极地区的环境数据，美国已在基础设施方面做出可观投入，包括通过与美国部门或机构、学术合作方及北极居民的合作，建设环北极观测网络的部分设施。美国致力于推动所有北极国家积极参与这些活动，以加深相关的科研理解，从而为评估未来影响，提出应对策略提供依据。

　　（4）对北冰洋相关的前沿研究，包括了对在可预见的未来将被海冰覆盖的地区及季节性融冰区域的研究。美国所有能够支持上述前沿研究的平台，都应在建设环北极观测网络的过程中，与国外类似平台开展合作。所有北极国家都是地球观测小组的成员，该小组为实施本地区国际环境观测提供了一个框架。此外，美国还认识到在推进和开展北极研究方面，学术和科研机构是其至关重要的合作者。

（5）执行：为贯彻北极地区的国际科学合作政策，美国国务卿、内政部、商务部部长、国家科学基金会主任及其他相关主管部门及机构负责人应当：

a. 继续在整个北极地区的科研活动中发挥领导作用；

b. 通过双边、多边方式及其他途径，积极推进科研人员适度前往所有的北极研究站点；

c. 与其他相关国家开展广泛合作，领导并推进建立有效的环北极观测网络；

d. 定期举办北极科学部长级会议和科研理事会负责人会议，共享有关科研动态信息，推动北极研究项目的国际合作；

e. 借助于北极研究委员会，与北极研究政策联合委员会通力协作，促进本总统指令涉及的，与美国北极战略政策相关的研究工作的进行；

f. 加强与学术和科研机构的合作，并在此基础上，推动这些机构与其他国家类似机构之间的合作。

6. 北极地区的海上交通运输

（1）美国在北极地区有关海上交通运输的优先事项包括：

a. 提供安全、稳定、可靠的海运；

b. 保护海上贸易；

c. 保护环境。

（2）是否能在北极地区营造安全稳定、利于环保的海上贸易环境，取决于下列各项：有利于航运活动的基础设施；海上搜救能力；相关的长短途航海援助；高危海域的船舶交通管理；冰山警告及其他海冰信息；有效的航运标准及保护海洋环境的各项措施。此外，在北极地区开展有效搜救活动需要当地、州及联邦政府、部落、贸易（公司）、志愿者、科研方及各国的合作。

（3）通过参与国际海事组织（IMO）的工作，美国将推动现有各项措施的强化，必要时制定新措施以提高北极地区海上交通运输的安全保障，并保护该地区的海洋环境。这些措施包括：船舶定线及报告系统，如针对北极狭窄通道的相关分道通航及船舶交通管理方案；更新及完善《北极冰封水域航运指南》；有关通商航行的水下噪音标准；航运保险事项的检查；石油及其他有害物质污染的应急协议；及环境标准。

（4）执行：为贯彻在北极地区的海上交通运输政策，美国国务卿、国防部、交通部、商务部及国土安全部部长，以及其他相关主管部门及机构负责人应当：

a. 与其他国家合作，制定附加措施，以应对因进出及通过北极地区船只数目的增长而导致的各种问题；

b. 协调和平衡本地区的人类活动，提高抵御风险的能力，以应对各种北极环境危害。这些努力包括：推动污染预防及应急标准的建立；确定包括必要的空运及破冰能力的基地和后勤保障要求；促进与搜救有关的计划及合作协议的制定；

c. 根据公认的国际标准，制定北极航道管理体制，内容涉及：船舶交通监管及定线；航行安全标准；精确的标准化海图；精确而及时的环境及航海信息；

d. 评估通过北极进行战略海运、人道主义援助及灾难救援的可行性。

7. 包括能源在内的经济事项

（1）北极地区的可持续发展问题面临严峻的挑战。由于美国谋求促进经济与能源安全，其利益投入将促使其制定关键性决策。环境变化及其他因素将显著影响北极地区居民，尤其是原住居民的生活。考虑到他们特有的弱点，美国十分关注和重视北极居民对环境变化的适应。

（2）鉴于此地区拥有的能源储备占世界未发现能源的相当大的一部分，北极地区的能源开发将极大满足全球日益增长的能源需求。美国致力于确保整个北极地区的能源开发以环保的方式展开，并考虑原住民及当地社区的利益，以及坚持公开透明的市场原则。通过确保以负责的态度开发大陆架资源，以及与其他北极国家持续紧密的合作，美国在保护北极环境的同时，寻求北极地区能源及其他自然资源的使用及开发之间的平衡。

（3）美国认同现有组织的价值及效力，如北极理事会、国际监管者论坛及国际标准化组织。

（4）执行：为贯彻有关北极地区包括能源在内的经济事项，美国国务卿、内政部、商务部及能源部部长，以及其他相关主管部门及机构负责人应当：

a. 寻求包括来自北极理事会在内的各种努力，以研究变化中的气候条件，从而保护并加强北极地区的经济活动。这类努力涉及下列内容的详细目录及其评估：村庄，原住民社区，生存机会，公共及基础设施，油气开发项目，替代性能源开发机会，森林，文化及其他场所，海洋生物资源，以及构成北极社会经济其他相关的元素；

b. 与其他北极国家合作，确保在北极地区有关碳氢化合物及其他（资源）的开发遵守现有的最佳惯例、国际公认标准以及2006 年八国集团全球能源安全准则；

c. 与其他北极国家在有关勘探、生产、环境及社会经济影响等事项方面进行磋商，包括：在可能具有共享资源的区域开展钻井项目、设备共享、环境资料共享、影响评估、协调性监督项目及资源储层管理等。

d. 对可能分布在边界上的碳氢化合物储层，保护美国的利益，减轻其开发给环境和经济带来的不良影响。

e. 就甲烷水合物、北坡水文地理及其他事项寻求与国际合作机会；

f. 探讨有无增设理事会的需要，以便就碳氢化合物资源出租、勘探、开发、生产及运输，以及包括基建项目在内的互助活动等事项进行沟通；

g. 继续就共同关心的问题，与已在该地区开展运营的国家构建合作机制，认识到北极地区目前已探明的大多数油气资源，都位于美国管辖之外的地区。

8. 环境保护及自然资源的保护

（1）北极环境比较独特且不断变化，日渐增多的人类活动将给其带来额外压力，且可能对北极社区及生态环境带来严重后果。

（2）虽然针对北极的研究日渐增多，但我们对北极环境依然知之甚少。海冰及冰川日益退缩，永久冻土不断消融，海岸线受到侵蚀，来自北极及其外界的污染物仍在污染着这一地区，众多领域的基本资料也比较匮乏。气候变化及人类在北极地区活动日渐频繁，将给这一地区带来什么样的影响，这一问题依然具有高度的不确定性。假设有关北极的各项决议都需建立在完善的科学及社会经济信息基础上，则对北极环境进行的相关研究、监控及脆弱性评估将尤为重要，例如：全球气候波动及变化对北极生态系统可能带来什么样的影响，对这一问题的深入理解，将有助于对北极自然资源进行长期有效的管理，并利于判断自然资源使用方式的变化对社会经济的影响。

（3）鉴于现有数据的局限，美国对北极环境及其自然资源的保护必须谨慎行事，并在已有的最有效的信息基础上开展。

（4）为执行 1982 年 12 月 10 日《联合国海洋法公约》有关养护和管理跨界鱼类种群和高度洄游鱼类种群规定的协议，1995年制订了与国际渔业管理相关的一般原则，美国支持上述原则在北极地区的应用。美国赞同对北极地区脆弱的海洋生态系统进行保护，反对破坏性的渔业捕捞，并寻求采取必要的强制措施以保护北极地区的海洋生物资源。

（5）随着北极地区的气温上升，目前尚存留于冰及土壤中的污染物将释放至空气、水及陆地。这一趋势以及人类在北极地区及其周围地区日益频繁的活动将共同导致更多的污染物进入北极地区，这些污染物包括：持久性污染物（如持久性有机污染物和水银）及空中污染物（如煤烟）。

（6）执行：为贯彻环境及自然资源保护相关的政策，美国国务卿、内政部、商务部、国土安全部部长，环保总署署长以及其他相关主管部门及机构负责人应当：

a. 与其他国家一起积极应对日渐增多的污染物及其他环境问题；

b. 在考虑北极地区某些物种分布区域与范围的变化基础上，不断探寻新方法，以保存、保护并持续管理北极物种，以及采取必要的强制措施保护海洋生物资源。对于活动范围分布在美国管辖范围内、外的物种，美国应继续寻求与其他政府的合作，以便有效保护和管理这些物种。

c. 寻求新方法以应对北极地区不断变动、日渐拓展的商业化渔业，措施包括：借助国际协议或组织管理北极地区未来的渔业。

d. 在北极地区推行基于海洋生态系统的管理活动；

e. 加大力度来获取有关污染物对人体健康及环境的不利影响的科学知识，并与其他国家合作，减少主要污染物进入北极地区。

资源及资产

上述一系列政策条款的贯彻与执行需要相应的资源及资产。上述条款的执行，需符合适用的法律，指定必要的当事机构或机构负责人，取得法律授权及必要的拨款。对北极地区事务负责的部门和机构的主管，应确定未来所需的经费，提出有关管理、人事或法律等方面的建议，以利于本总统指令各条款的执行。

乔治·W·布什

美国《北极地区国家战略》

2013 年 5 月 10 日美国总统奥巴马签署发布

我们本土 48 个州及夏威夷州，和阿拉斯加州的人民一样，都认为北极是一个奇妙的地方。

北极是这个星球上现存的最重要的处女地之一。鉴于它所能带来的经济利益，以及对需要保护这片独特、宝贵和变化中的环境的认识，我们的探索精神自然要汇集到这里。在考虑如何利用该地区即将出现的经济机遇的同时，我们也认识到必须负起责任，采取综合管理措施，根据可获得的最佳信息做出决策，目的是使其生态环境长期保持健康、可持续、可恢复状态。

北极是一个和平、稳定的地区，没有冲突发生。无论是在国际还是在国内，美国及其北极盟友和伙伴寻求维持这种信任、合作与协调的精神。我们一起在共同关心的问题（如搜救、污染预防与应对等）上取得了很大进展。依靠科学研究与传统知识，我们将共同进一步了解这片地区。

《北极地区国家战略》阐明了美国在该地区的战略优先事项，以便美国在应对将来的机遇和挑战时处于有利地位。我们将确定优先次序，并有效整合联邦政府部门及机构的工作与阿拉斯加州政府和国际社会已经开展的工作。同时，我们将与阿拉斯加州和阿拉斯加土著居民、以及国际社会和私营部门结成伙伴，共同研究新的手段和工作方式。

北极正在变化。我们要认识应当采取什么行动，在不违背我们的原则及未来目标的前提下，迈步向前。

巴拉克·奥巴马

概要

"美国是一个北极国家，在北极地区拥有广泛而根本的利益。我们寻求满足国家安全需要、保护环境、负责任地管理资源、关注北极土著居民、支持科学研究和在广泛的议题上加强国际合作。"

《北极地区国家战略》确定了美国政府对北极地区的战略优先事项。随着冰川消融和北极环境的变化，北极地区人类活动将大大增加。本战略的目的是使美国处于有利地位，以有效应对由此带来的挑战和机遇。

本战略确定了美国在北极地区的国家安全利益，并根据联邦政府、州政府、地方政府、部落、私营部门及国际伙伴已经提出的倡议，确定了优先工作方向，目的是把精力集中放在那些存在机遇和必须开始行动的领域。本战略旨在正视北极环境变化的现实，同时贯彻我们应对气候变化的全球目标，因为正是气候变化造成了这些环境条件的改变。我们的战略包括以下三个优先工作方向：

一是促进美国安全利益。我们将根据国际法保护美国舰船和飞机在北极地区水域和空域的水面、空中、水下自由航行，支持法律许可的商业活动，提高对北极地区活动的感知能力，合理发展我们的北极基础设施（包括必需的冰上作业平台）和能力。美国在北极拥有广泛的安全利益，其范围覆盖了支持商业安全和科研活动、国防安全等方方面面。

二是负责任地管理北极地区。我们将继续保护北极环境与北极资源，成立一个北极综合管理机构并使之制度化，绘制北极地区地图，依靠科学研究成果和传统知识提高对北极的认知。

三是加强国际合作。通过包括北极理事会在内的双边与多边合作促进集体利益，促进北极国家的共同繁荣，保护北极环境，加强地区安全。同时，我们将努力加入《联合国海洋法公约》（简称《海洋法公约》）。

我们的行动将遵循以下指导原则：

维护和平与稳定——北极是一个没有冲突的地区，我们将与盟友、伙伴及其他相关各方一起，寻求维护并保持这一状态。我们支持与保护：国际法原则所规定的自由航行与飞越的权利，与这一自由权利相关的海域、空域的其他使用权利，不受限制的合法商业活动，以及和平解决各国争端。

依据最佳信息做出决策——决策必须依据最新科学研究成果和传统知识制定。

追求创新性安排——在适当与可行的领域，加强同阿拉斯加州政府、北极国家、其他国际伙伴及私营部门的伙伴关系，以便更有效地开发、利用和管理各种能力，从而在财政紧缩的背景下更好地推进国家战略优先事项。

同阿拉斯加土著居民进行磋商与协调——开启同阿拉斯加土著居民的磋商程序，承认部落政府与美国政府的独特法律关系，提供有意义的、及时的时机，以向阿拉斯加土著人社会通报对其造成影响的联邦政府政策。

一、导言

我们力求使北极地区保持稳定、免于冲突，各国以互信、合作的精神负责任地开展行动，以可持续方式发展经济和开发能源资源，同时还要保护脆弱的环境并尊重当地居民的利益与文化传统。

美国政府在应对这些机遇与挑战时，将以我们在北极地区的核心利益为指导，包括确保美国国家安全，保护资源与商业自由流通，保护环境，解决土著人社会需求，保障科学研究。在保护这些利益时，我们根据的是 20 世纪在全球海洋与空域方面长期坚持的政策与方法，包括自由航行与飞越的权利，以及与这一自由权利相关的国际上合法使用海洋与空域的其他权利；海上安全；维护与盟友、伙伴的紧密关系；不使用武力威胁，和平解决争端。

为实现这一愿景，美国政府正着手建立一个全面覆盖的国家路线，以促进美国国家安全利益，对这片珍贵而独特的地区进行负责任地管理，以此作为与其他北极国家及国际社会一起合作、促进共同利益的基础。

即使我们在国内、国际都尽力减小气候变化带来的影响，但是这种影响还是已经在北极得到了体现。随着冰川消融，人们更容易获得海洋资源，但融化的地面威胁着当地社会的生存，同时还阻碍了人们陆地上的活动，这也包括获取资源。消失的陆地和海洋冰川正改变着生态系统及生态系统提供的一切。作为一个北极国家，美国在面对变化的地区环境、制定应对战略时，必须积极主动、保持自律，以保护其利益。如果为了探索新的机遇而任意开发这片未开发之地，不仅会对该地区造成巨大伤害，也会损害美国国家安全利益甚至全球利益。

在实施这一战略的过程中，美国将采取慎重周密和负责任的方式，充分考虑专家意见，协调各种资源，加强与阿拉斯加政府、阿拉斯加土著居民、国家及国际社会利益攸关方的合作。在工作中，我们将鼓励并使用以科学为依据的决策系统。无论是对这里敏感的环境，还是对阿拉斯加当地社会及其他依赖北极资源生活的土著居民，我们都将竭力不对其造成伤害。正如开发国际空间站时我们依靠的是同心协力与建立和平伙伴关系的共同愿望，我们相信，通过国际社会携手努力、协作投资和公私合作，在北极地区也能取得同样的成就。

二、战略结构

通过这份《北极地区国家战略》，我们旨在提供指导原则，确定优先事项，协调各项工作，从而更好地保护美国国家和本土安全利益，促进负责任的管理，加强国际合作。

本战略阐述了三大优先工作方向，以及在北极地区开展行动的指导原则。通过将工作重点置于这些优先工作方向和目标，我们力图统一国家行动，使其与我们的国内、国际合法权利、责任、义务相一致，并与我们的北极邻居及国际社会协调一致。这些工作方向阐明了共同的主旨，并通过各自的重点与行动确保完成战略优先目标。这三个工作方向和指导原则应被视为一个统一的整体。

三、变化中的环境

千百万年来，北极地区经历了一轮轮升温与降温的过程，当前的升温趋势绝不同于以往的历史。冰川减少的边度是巨大、突然和不间断的。厚厚的、经年积累的冰川逐渐变成薄薄的季节性冰层，使得北极更多地区能够全年通航。科学估计，北极圈内可开采的常规油气资源总量约占全球未开采石油的13%，占未开采天然气的30%。同时还蕴含大量的矿产资源，包括稀土、铁矿和煤等。这种估计激起了人们在北极地区进行商业投资和基础设施建设的热情。随着北冰洋部分地区变得更适合通航，人们对北方航线及西北通道等其他航线和北极资源开发的兴趣也与日俱增。

北极地区资源逐渐便于开采，经济与战略利益逐渐增加，虽然带来了各种机遇，但是北极地区的开放与快速开发也会带来非常现实的挑战。在环境方面，冰川的消融对当地人口、鱼类及野生动植物的影响是立竿见影的。而且，海洋持续升温和冰川消失还有可能会带来潜在、深远的环境后果。这些后果包括改变低纬度地区的气候，影响格陵兰岛冰层的稳定和加速北极永久冻土层的消失。冻土层中蕴藏的大量甲烷（造成气候变化的重要动因）及水银等污染物会因此被释放出来。缺乏全面考虑的开发，以及伴之而来的污染（如燃烧矿物燃料所排放的炭黑或其他物质等）增加，将对气候趋势、脆弱的生态环境和北极居民等造成意想不到的后果。这迫使美国政府必须积极主动地确立北极地区的国家战略优先事项和目标。

四、优先工作方向

为迎接北极地区的挑战与机遇，并贯彻已确立的北极地区政策，我们将明确以下工作方向和相应目标，以相互促进的方式，整合目前美国在北极地区的广泛行动和利益。

(一) 促进美国安全利益

我们最优先的工作是保护美国人民、领土和主权完整，保护自然资源和美国的利益。为此，美国将确定、发展和维持促进该地区安全稳定所必须的各种能力，通过独立行动、双边计划和多边合作等综合途径实施。我们承认，保护美国在北极地区的国家安全利益时必须关注到本战略通篇所述的环境、文化及国际因素。全球许多国家都渴望扩大自身在北极的作用，因此我们鼓励北极和非北极国家通过适当的论坛携手合作，共同应对北极地区出现的机遇和挑战。同时，为保护美国及美国盟友的安全利益，我们也要始终保持警惕。

为完成此项任务，美国政府将致力于：

1. 发展北极基础设施和战略能力

我们将与阿拉斯加州政府、地方政府、部落首领及公私部门伙伴等进行合作，发展、维持并运用这一能力，以履行联邦政府在北极水域、空域和沿岸地区的责任，包括应对自然或人为灾难的责任。我们将谨慎规划北极地区的基础设施和反应能力，以适应该地区不断增加的人类及商业活动。

2. 提高对北极区域的感知能力

我们将努力提高我们对北极地区活动、形势和变化趋势的感知能力，这些都可能影响到我们的安全、环境和商业利益。随着北极形势的变化，美国将努力适当提高其海上、空中和太空能力，并促进与国际社会和公私部门伙伴的海洋相关信息共享，为北极行动提供支持，例如落实北极国家签署的搜救协议。

3. 保持北极地区海上通行自由

保障国际法认可的所有权利、自由及对海域、空域的使用权，这是美国的国家利益所在。我们将发展和维护水面、水下和空中资产与必要的基础设施，以促进繁荣和航道安全。此外，美国将支持加强国家防御能力、法律执行能力、航行安全、海洋环境反应能力以及搜救能力。现有的国际法为包括北极在内的海洋和空域提供了一整套全面的规则，规定了如何行使权利、自由和如何使用全球海洋与空域。法律承认这些权利、自由、及商业与军用舰船、飞机使用海域和空域的权利。在此框架下，我们将与我们的伙伴一起，进一步开发北极水路管理机制，包括分道通航、船舶跟踪和航线规划等。我们也鼓励其他国家遵守被国际社会所接受的这些规则。这种合作将有利于建立战略伙伴关系，从而通过创新性、低成本的解决方案改善北极海上交通运输系统，促进贸易的安全、有效、自由流通。

4. 服务未来美国能源安全

北极地区的能源资源涉及美国国家安全战略的一个核心组成部分，即能源安全。该地区蕴藏着大量已探明或潜在的油气资源，将可能成为满足美国能源需求的重要供应来源。美国通过"一切"途径拓展新的国内能源来源，包括发展可再生能源、扩大油气产量、提高利用效率和加强资源保护，从而减小我们对进口石油的依赖，加强美国的能源安全。继续负责任地开发北极油气资源与这种努力相一致。在这一更广泛的能源安全战略背景下——包括我们的经济、环境和气候政策目标——我们承诺与利益攸关方、企业及其他北极国家一起，共同开发北极能源资源，研发和实施最佳做法，分享经验，以对环境负责任的方式开发油气与可再生能源。

（二）负责任地进行管理

负责任地管理要求主动保护资源，平衡管理，并运用物理与生物环境的相关科学成果与传统知识。随着北极环境的改变，人类活动的增加需要我们采取预防措施，依据更广泛的知识来做出负责任的决策。通过增加知识储备和整合北极管理机制，北极国家能够共同负责任地应对这些新的需求，包括为全球商业与科学研究活动开放海上航线，绘制海圈，提供搜救服务，发展预防、控制和应对石油泄漏与事故的能力。我们必须提高自身对北极未来形势的预测能力，同时也要时刻警惕发生任何意外情况的可能。为完成这方面的工作，我们将努力达成以下具体目标：

1. 保护北极环境与北极自然资源

保护好北极独特而不断变化的环境是美国政策的中心目的。其执行行动将提供全方位的生态系统服务支持，促进北极生态系统长期保持健康、可持续、可修复。这方面的工作将基于风险考虑，并根据可获得的最佳信息展开。美国将评估和监控生态系统状况、气候变化风险及其他挑战，为迎接环境变化带来的挑战做好准备，并有效应对。

2. 综合管理，平衡经济发展、环境保护和文化价值保护

对该地区环境与文化敏感性要有全面认识，应在此基础上管理自然资源，考虑对基础设施的未来需求及其他发展需求。这种努力能够促进工作统一，为北极地区基础设施和其他资源管理的合理决策提供基础。我们将强调以科学为基础做出决策，整合经济、环境与文化价值。我们还将促进联邦部门与机构间的协调，同北极管理伙伴的合作。

3. 通过科学研究与传统知识，提升对北极的认识

对北极进行恰当管理要求认识到北极环境是如何变化的，而这种认识将基于全面的地球系统方法。北冰洋的广大区域还未勘查，而且我们还缺乏许多必要的基础知识来认识和解决北极问

题。对北极变化的认识不能是孤立的，必须放在全球大环境中进行。随着对该地区了解的增多，我们已经发现以下几个重要问题需要引起迫切关注：

陆地冰川及其在海平面变化中的作用，海洋冰川及其在全球气候、生物多样性与北极居民生活中的作用，永久冻土带消融及其对基础设施与气候的影响。提高对地球系统的认识也有助于满足一些行动需求，如天气与冰雪预报。我们可以通过充分协调与公开透明的国内、国际开发与研究日程，减少可能的重复工作，更好地运用资源，从而获得快速进展。

4. 绘制北极地区地图

我们将参照可靠的、现代化的标准，继续绘制北极地区海洋与水路图，以及北极海岸与内陆的地图，这项工作一直以来被终年不化的冰层所困扰。由于这片领土和水域范围广阔，我们需要确定重点，协调开展绘图工作，从而更有效地利用资源，并取得更快进展。这项工作将使得海上航行更加安全，也有利于确定生态敏感区域，保护自然资源。

（三）加强国际合作

北极地区某处发生的事情会对其他北极国家的利益带来重大影响，甚至影响到整个世界。北极环境这种微妙而复杂的运转方式使得该地区最适合各国开展合作，共同探索即将出现的机遇，共同强调生态意识与生态保护。我们将通过现有的处理北极事务的多边论坛及法律框架，加强伙伴关系。我们也将寻求恰当的、新的合作方式，用于处理那些涉及彼此利益和共同关注的问题，迎接前所未有的独特挑战。

美国将通过以下四个目标来加强国际合作和伙伴关系：

1. 贯彻促进北极国家共同繁荣的安排机制，保护北极环境，加强北极安全。我们将基于共同价值发挥每个北极国家各自的优势，努力建设有效且高效的合资企业。这种协作将有助于指导投资和地区活动，适应动态趋势变化，并促进北极地区的可持续发展。

北极国家在北极地区有着不同的商业、文化、环境和安全考虑。但是，共同利益使得我们在该地区成为理想的伙伴。我们寻求新的机遇来促进我们的利益，通过双边和多边努力，积极与其他北极国家接触，利用好与北极地区相关的现有各种多边机制。

在适当情况下，我们将与其他北极国家一起研究新的协调机制，以保持北极地区繁荣、环境可持续、行动安全、没有冲突。我们还将保护美国、盟友及地区的安全与经济利益。

2. 通过北极理事会促进美国在北极地区的利益

近年来，北极理事会在促进北极国家与北极土著居民间的合作、协调及互动方面取得了显著成就。北极理事会的最新成就包括推动公共安全与环境保护议题，如 2011 年北极搜救协定和 2013 年北极海上石油污染预防与反应协议。美国将继续重视北极理事会的作用，它是促进北极国家在共同关注的属于北极理事会职能范围内的各种问题上开展合作的重要平台。

3. 加入《联合国海洋法公约》

加入公约将会有助于保护美国的权利、自由以及在整个北极地区对海域和空域的使用，有助于为美国关于西北通道和北方航线的航行与飞越自由的立场提供依据。美国是北极国家中唯一一个没有加入《联合国海洋法公约》的国家。只有加入公约，我们才能在法律上建立充分的确定性，获得对我们主权权利最确定的国际承认，即美国在北极与其他地方的大陆架权利。这些地方可能蕴藏大量的石油、天然气和其他资源。我们声索主权的北极地区大陆架，涵盖从阿拉斯加北部沿岸向外延伸600海里的范围。

对于沿岸国家重叠的海洋区域，北极国家已经按照《联合国海洋法公约》和其他相关国际法，开始了谈判与缔结海上边界协议的进程。美国支持以和平、非胁迫的方式管理和解决争端。尽管目前美国还不是《联合国海洋法公约》成员国，但我们将继续支持并遵守公约中体现的国际法惯例。

4. 与其他利益相关方开展合作

越来越多的非北极国家和众多非国家实体已经显示了对北极地区日益浓厚的兴趣。美国与其他北极国家应当寻求与非北极国家及实体进行合作，以保护北极国家利益和资源的方式，促进北极地区共同目标的实现。促进安全可靠的北极航运就是一个重要目标，最佳实现途径是通过国际海事组织来协调北极国家、主要航运大国、造船业及其他利益相关方的行动。

五、指导原则

美国处理北极地区问题所采取的方式必须反映美国的国家价值及美国作为国际社会成员的价值。我们将采取综合方法，在促进安全、推动经济与能源开发、保护环境、应对气候变化、尊重土著居民与北极国家权益等方面实现美国利益。为指引这些方面的工作，我们确定了以下原则，作为美国参与北极事务和采取行动的依据。

维护和平与稳定，与盟友、伙伴及其他利益相关方一起维持并保护北极地区免受冲突威胁。这一原则适用于美国及其他利益相关国家的行为，支持并保护国际法律规则，包括航行与飞越自由、与这一自由相关的其他海域使用权、不受限制的合法商业活动以及和平解决争端。现有的国际法提供了一套全面的管理权利、自由和国际海洋与空间利用的规则，当然也包括北极在内，因此美国将依靠现有的国际法实现目标。

依据可获得的最佳信息做出决策，根据最新的科学知识和传统知识，在国际和国内及时共享最新认识和预报。

追求创新性安排，以支持对该地区科学研究、海上运输基础设施建设及其他能力需求建设的投入。北极气候的严峻性和在该地区建设、维护与运行这些基础设施的复杂性，要求我们在处理公私伙伴关系与多国伙伴关系方面采取新的思路。

依据行政命令确立的部落磋商政策，与阿拉斯加土著人进行磋商和协调。这一政策强调信任、尊重和分担责任，明确规定部落政府与美国政府是一种特殊的法律关系，并要求联邦部门和机构在制定对部落有影响的政策规定时，要通过部落官员提供及时有用的信息。这一指导原则也与《阿拉斯加土著人联盟研究指南》相一致。

六、结论

我们寻求以合作与创新的方式来管理这个快速变化的地区。在应对因气候、环境迅速变化带来的挑战时，我们必须促进美国的国家安全利益，负责任地进行管理，加强国际协调与合作。北极冰川的消融有可能改变全球气候和生态系统，还会影响全球航运、能源市场和其他商业利益。为迎接这些机遇与挑战，我们将根据本战略整合联邦政府工作；开展与阿拉斯加州政府、地方政府及部落机构间的合作；与其他北极国家合作，探索互补性方式来应对共同挑战。我们将积极主动地协调地区发展。经济发展与环境管理必须携手前行。北极独特的环境要求美国政府有义务以科学为基础，做出明智、协调一致的基础设施投入决策。为迎接这一挑战，我们将需要大胆创新的思维，接受并发展新的、创造性的公私及多国合作模式。

美国《国防部北极战略》

美国国防部 2013 年 12 月

前　言

　　由于冰盖的减少，这个原本相对与世隔绝的地区的人类活动不断增加，北极正处于变化的关键转折期。气候变化和可能出现的新型能源影响着全球环境，也将影响我们今后的战略规划（尤其是在北极地区）。美国决心与盟友、伙伴合作，共同维护该地区在这一历史转折期的稳定与安全。该战略规定了国防部为应对上述变化，将要采取的平衡性、合作性路径，因为北极可通行地区的扩大和人类活动的增加，也意味着未来安全环境的潜在变化。由于北极的重要性不断增长，不论北极变化的速度与程度如何，我们都必须为支持在该地区实现战略目标所采取的国家行动做好准备。

　　2013 年 5 月 10 日，奥巴马总统发布了《2013 年北极地区国家战略》。通过这一战略，总统阐述了北极与美国长远国家利益之间的明确联系。可通行地区的扩大带来了巨大的经济机遇，但同时也要求对这一地区进行负责任的管理，以保护和维持全球生态系统的关键因素。随着越来越多的国家参与北极地区的开发，我们将获得更多的机遇，同时也将面临更多的挑战。国防部将致力于同北极国家和其他利益相关方合作，聚焦于那些具有机遇和需要行动的领域，同时确保美国国家安全利益得到保障。

如奥巴马总统所述，"北极是一个和平、稳定、没有冲突的地区"。国防部有责任确保这一论断在未来同样适用。然而，我们无法仅靠美国的能力，维护北极地区当前的安全环境。因此，国防部将在现有的国际法框架下采取行动，最大程度地与盟友、伙伴方进行合作。

《国防部北极战略》还认识到北极地区对二十一世纪全球安全环境的影响。在密切关注北极变化对地缘政治格局影响的同时，我们将平衡北极投入和国防部全球责任之间的关系，同时通过国内和国际合作，寻找有效解决方案。

美国国防部长查克·哈格尔

执行摘要

随着北极冰盖以超预期的速度减少，以及经济机遇（从石油、天然气和矿物勘探，到捕鱼、航运、旅游）的驱动，北极地区的人类活动逐渐增多，该地区正处于一个战略转折点。北极和非北极国家都在各种国际场合关于北极的未来确立自己的战略和立场。总而言之，这些变化为国防部提供了一个重要机遇，使其能够按照《2013 年北极地区国家战略》与盟友和合作伙伴协同工作，以一种平衡的方式来改善该地区的人类和环境安全。

北极的安全涉及资源开采、贸易、商业与科研活动，以及国防行动。安全合作活动以及其他形式的军队之间的交流，能够建立、塑造和维系国际关系和伙伴关系，从而应对安全方面的挑战并且减少摩擦的可能性。国防部将继续建立合作性战略伙伴关系，在北极地区发展创新的、可以负担的、责任分担的安全解决方案。与此同时，加强与北极合作伙伴的合作，以增强对该地区的科学认识，积累在寒冷天气条件下的作战经验。

国防部将会继续在该地区开展常规训练和其他行动。同时，监测环境的变化，重新审视评估并根据条件的变化采取适当的行动。

本战略确定了国防部在北极地区的最终目标：保持北极地区的安全稳定；保障美国的国家利益；保护美国本土；与其他国家密切协作共同应对挑战。本战略还阐明了两个主要辅助目标：确保安全利益，提供安全支持，推进防务合作，独立（必要时）或者与其他国家合作为应对各种挑战和突发性事件做好准备，从而维护该地区的稳定。最后，这一战略指出了国防部在执行《北极地区国家战略》时，为实现这些目标拟用的方法和手段。

一、北极地区的美国利益

《第 66 号国家安全总统指令》《第 25 号国土安全总统指令》等北极地区政策都描述了美国在北极地区的国家安全利益。该政策描述的美国在北极地区的国家安全利益包括：导弹防御和预警；为战略海运、战略威慑、海上存在以及海上安全行动部署海上和空中系统；确保海洋自由。维护海洋自由的权利包括所有的权利：海洋以及邻近空域的自由使用权，包括航行和飞越的自由；在北极支持国家行使海洋以及邻近空域的自由使用权，包括通过战略性海峡的能力。

《2013 年北极地区国家战略》明确了美国政府的整体行动框架，为国防部的北极行动提供了总体指导。它勾画出了美国在北极的三个努力方向：推进美国的安全利益；力求负责任地管理北极地区；根据国防部的北极战略加强国际合作。《北极地区国家战略》设立的目标是"维持北极地区稳定无冲突，各国本着互信合作的精神负责任地采取行动，在经济和能源资源开发方面采取可持续的方式，保护北极脆弱的生态环境，尊重当地居民的利益和文化。"

《国防部北极战略》概述了该部将如何支持政府的整体行动，以促进北极地区的安全、管理以及国际合作。国防部的北极战略方针反映出该地区军事威胁程度相对较低，因为该地区的民族国家不仅公开承诺遵循共同的国际法框架和开展外交活动，而且显示出履行其承诺的能力与决心。考虑到美国在北极的长远利益和现有的战略指导原则，国防部的北极战略的最终目标是：北极地区保持安全稳定，美国国家利益得到捍卫，美国国土安全得到保护，各国通过合作共同应对挑战。

二、国防部的辅助目标

国防部的两个辅助目标描述了实现最终目标所需要的具体事项。这些目标受限于政策指导、战略和物理环境性质的不断变化以及国家实力中可用手段（包括外交，信息，军事和经济手段）的能力和局限性。为实现这些目标所采取的行动，则根据国防部全球战略优先次序和财政预算而确定。为实现最终战略目标，国防部的辅助目标为：确保安全利益，提供安全支持，促进防务合作。

在履行安全和防务合作承诺方面，盟友和伙伴关系是重要的推动者。在预防冲突以及预防与威慑失败的情况下，这种关系在协调国际力量应对安全与防卫挑战时，将发挥重要作用。虽然国务院在北极地区外交中发挥着领导作用，但是国防部在加强该地区多边安全合作能力，以及响应北极地区或区域外机构的援助请求方面发挥辅助作用。这种合作方式有助于预防冲突，为《北极地区国家战略》设想的促进可持续经济发展提供所需的稳定环境。国防部将寻求在共同利益领域建立战略合作关系，并鼓励作战层面的合作伙伴关系，并在北极地区发展创新性、可负担的、责任共享的安全解决方案。科学与技术可以提供非对抗性的合作机会，国防部将与部门间的北极研究政策委员会协调研究计划。

国防部的一个重要任务是支持其他联邦部门和机构在阿拉斯加与安全有关的任务，并应对来自民事部门的请求，为他们在国内或国外的救灾和人道主义援助行动提供帮助。虽然国防部很少在北极地区负责执行这些任务，但是在未来几十年，它可能会被要求更多地从事这类任务。

随时准备应对多种挑战和突发事件，尽可能与其他国家联合行动，并在必要时独立行动，以维持北极地区的稳定。

在北极未来的挑战可能会占满整个范围的国家安全利益。这些挑战和突发事件可能包括多种形式，从支持其他联邦部门和机构或其他国家应对自然或人为灾难，到应对可能在未来出现的安全问题。

三、战略路径

国防部将广泛邀请公共与私营部门伙伴保护国土，以及支持民事部门为北极地区不断增加的人类活动做好准备。战略伙伴关系是确保北极地区和平开放，实现国防部最终目标的重要因素。如果可能的话，国防部将寻求通过创新性、低成本、小规模的路径来实现这些目标，例如，通过参与在格陵兰举办的搜索救援演习、在挪威举办的"寒冷反应"演习、在加拿大举行的"北极熊行动"等多边演习活动，或通过参与国防背景下国际合作项目支持的一些北极交流活动等。国防部还将根据自然条件的变化，发展其基础设施与能力，以确保安全利益、提供安全支持、促进国防合作，并为响应未来北极地区出现的多种挑战和突发事件做好准备。国防部将通过以下路径实现其目标：

行使主权以及保护国土安全；

与公共和私营部门的合作伙伴交流，从而提高北极全域感知能力。

维护北极地区的海洋自由；

根据不断变化的条件，发展北极地区的基础设施和能力建设；

遵守现有的与盟国及合作伙伴的协议，同时与重要的地区合作伙伴签订新的协议，加强互信；

根据指令为民事部门提供支持；

与其他部门、机构以及国家合作，保护人类安全和环境的安全；

支持北极理事会以及其他国际机构的发展，促进地区合作和法治。

国防部将遵循《2013 年北极地区国家战略》所明确的四项指导原则，运用这 8 种战略方式。这意味着国防部将与盟友、合作伙伴以及其他利益相关方一起，维护北极地区的和平与稳定。它将利用现有最佳科学信息做出决策，力求通过创新性安排发展其在北极未来所需的能力与实力。它也将遵循既定的联邦政府政策。当它通过本节中介绍的方法实现其战略时，这四项原则将支持国防部所有的行动。

行使主权以及保护国土安全。从美国的角度来看，由于北极季节性海冰的减少提高了北极航道的可用性，这将为对美国怀有故意的势力增加了利用北极进入北美大陆的机会。国防部将会继续为发现、威慑、预防和挫败针对美国本土的威胁做好准备。此外，国防部将继续支持美国行使主权。国防部的近期任务是获得在北极行动的能力，并通过继续在该地区进行演习和训练来保持和增强这种能力。国防部的中长期任务是进一步发展自己的能力和实力，依据《2013 年北极地区国家战略》的要求，保护美国在北极的空中、陆地和海上边界。

根据《2011 年联合司令部计划》，美国北方司令部司令负责支持北极地区的能力建设。为履行这一职责，美国北方司令部将与相关作战司令部、联合参谋部、各军兵种以及国防机构合作，找出在北极存在的能力缺陷和要求，并确定其优先次序。这些工作将依据关于未来北极环境的最权威的科学信息而展开。为执行任务、评估基础设施的弱点以及适应气候变化的能力，主管采购、科技与后勤的国防部副部长办公室将负责确定对未来环境的评估。国防部将与国土安全部合作，以确保有效地利用资源，避免在研究、开发、实验、试验和采购中的重复工作。例如，国防部—国土安全部能力发展工作小组就是促进这一合作的手段之一。

与公共和私营部门的合作伙伴交流，从而提高北极全域感知能力。虽然《第 66 号国家安全总统指令》/《第 25 号国土安全总统指令》侧重于海洋领域的态势感知，但是国防部在所有领域——空中、陆地、海上、太空和网络空间，都负有态势感知的责任。足够的区域态势感知能力是保护海上贸易、关键基础设施和重要资源能力的必要组成部分。国防部近期将通过北美航空航天防御司令部保持北极地区的空中跟踪能力。随着在北极海域的航行变得越来越容易，国防部将设法与国土安全部、其他部门和机构，以及公共/私营部门协作来提高其海上侦察和跟踪能力。海军部作为国防部负责海域感知的执行机构，将负责海上侦察和跟踪的协调工作。如有可能，国防部还将在信息的利用、获取、交流和开发方面与国际伙伴开展协作，促进感应、数据搜集、融合、分析和信息共享，从而适当提高北极地区的态势感知能力。监测北极地区的活动以及分析新兴的趋势至关重要，它们将为北极地区未来的能力投资提供决策依据，并确保能力投资跟上该地区不断增加的人类活动的步伐。

在近期至中期，提高区域事态感知能力的主要手段将继续依靠创新性的、低成本的极地指挥、控制、通信、计算机、情报、监视和侦察系统，以及加强的国际协作。国防部将与其他联邦部门、机构合作，采取措施改善海图的绘图质量，改进相关大气和海洋数值模型，提高对海冰范围和厚度的预报精度，侦察和监测气候变化指标。尤其重要的是，海军部将与诸如国土安全部、商务部之类的联邦部门、机构以及国际伙伴合作，改进北极地区的水道绘制和海洋勘探工作。

国防部将继续与其他联邦部门、机构以及阿拉斯加州合作，监测和评估该地区自然环境的变化，为北极地区开发和未来能力的发展提供参考依据。为此，国防部将利用科学界和学术界取得的成果，寻求机会促进大气、海洋、海冰状况（包括声学条件）的观测和模型建设，从而提高军事环境的预报能力。在必要时，这些合作将有助于未来破冰船的设计和制造工作。

维护北极地区的海洋自由。美国在维护所有人的权利、自由、以及国际法承认的海域和空域的利用方面有其自身的国家利益。国防部将维护美国的军用、民用船只和飞机在整个北极地区的机动，如有必要，国防部将通过行使自由通行权来挑战其他北极国家对于海洋权利的过度诉求。国防部将继续支持美国加入《联合国海洋法公约》，因为它规范了国防部寻求保护的权利、自由以及海域和空域的使用；为和平解决争端提供了一种手段；保证了国际社会承认对延伸大陆架上资源的拥有权。

根据不断变化的条件，发展北极地区的基础设施和能力建设。随着条件变化或者当作战指挥官认为需要调整北极地区作战需求时，国防部将会定期重新评估，以满足国家安全目标的要求。作战需求一旦确定，即可制定相关基础设施建设需求方案。该方案将最大限度地利用美国政府、企业及国际社会现有的基础设施，以降低建设需要的高昂费用，减少时间上的投入。如果现有的基础设施不能够充分满足这一需求，那么将改建现有的基地，例如，增加新的机库，作为军队设施维护、重建和现代化改造的组成部分。

遵守现有的与盟国及合作伙伴的协议，同时与重要的地区合作伙伴签订新的协议，加强互信。安全合作活动以及其他形式的军队之间的交流，能够建立、塑造和维系国际关系和伙伴关系，从而满足安全方面的挑战并且减少摩擦的可能性。2012 年和 2013 年的北极国家国防部长会议和北极安全部队圆桌研讨会等都是促进信息共享和建立伙伴关系的重要方式，对于寻找合作途径、应对共同挑战很有必要。因此，国防部将与国务院、国土安全部（尤其是美国海岸警备队）以及其他有关部门继续合作，继续建立战略合作伙伴关系，以寻求创新性的、可负担的、责任分担的安全方案。国防部还将寻求提高包括科技领域在内的双边交流，并利用与北极合作伙伴多边训练机会，提高地区专业知识和积累在寒冷气候条件下的作战经验。

在阿拉斯加州为民政当局提供防御支援，在北极地区的其他非美国领土提供对外人道主义援助和灾难救助。根据有关当局的指令，国防部将随时准备为民事部门提供支持，或与盟友、伙伴一道开展对外人道主义援助和灾难救助行动。

与其他部门、机构以及国家一起保护人类安全和环境安全。近期的一些与安全相关的挑战包括满足国际搜索和救援职责，以及对诸如在冰雪覆盖水域的石油泄漏之类的事件做出反应，在最近达成的《北极地区空中与海上搜救协定》和《北极地区海洋石油污染的防范与应对协议》中都有所反映。国防部将协调其他部门和机构以及其他国家，利用现有的能力对来自民事部门的需求进行响应。在适当情况下，国防部将支持其他部门、机构开展以下工作：维护人类健康；促进生态系统健康的、可持续的、可恢复的发展；就相关的政策和行动，与阿拉斯加原住民进行磋商和协调。最后，国防部将继续把环境因素纳入其规划和行动，为政府根据《2013 年北极地区国家战略》第二个优先工作事项所开展的整体行动提供支持。

支持北极理事会等国际机构的发展，推动地区合作和法治。国防部认识到北极理事会在研究北极环境变化、探索合作途径、应对地区挑战等方面的重要价值，支持国务院在理事会发展方面做出的努力。尽管国务院领导美国外交，但国防部要在促进地区多边安全合作方面发挥自身的作用。因此，国防部将在北极理事会、国际海事组织等国际机构的框架下，与盟友、合作伙伴一起维护稳定和促进合作。

四、北极战略面临的挑战与风险

本文件进一步确定了国防目标，同时按照《2013 年北极地区国家战略》的要求，使美国准备在今后的几十年中充分利用北极地区的机遇。本文件还分析了美国各种利益、目标之间的固有矛盾，以及由此带来的一些风险，包括：

有关未来进入北极和在北极开展活动的预期可能并不准确。在北极地区，关于气候的变化速度和影响程度，仍然存在着巨大的不确定性。该地区未来经济条件、人类活动增长的速度等也存在变数。由此带来的挑战，就是要处理好能力不足的风险与不成熟、不必要投资所造成的浪费之间的矛盾。不成熟的投资会夺占可用于其他紧迫优先项目的资源，在当前财政严峻的形势下尤其如此。关键是要做到北极投入与人类活动增加的幅度同步，同时平衡好对北极能力建设的投入与其他优先项目投入之间的关系。国防部将通过监控不断变化的北极环境和不断发展的地缘战略形势，为未来能力确定投资的适当时机，从而降低这种风险。指定美国北方司令部司令负责北极事务，是北极工作的一项重要步骤，但要取得成功还需要国防部不断调整规划、预算和采购。

财政紧缩可能导致推迟或取消北极能力建设所需的投资，减少北极训练与行动。随着预算的削减，国防部将不得不对规模缩小后的部队进行任务优化。还存在另一种风险，就是对北极能力需求的投资，可能竞争不过国防部其他预算优先项目。如果可能的话，国防部将与其他部门、机构以及国际合作伙伴加强协调，创新性地运用现有能力，并加强科学、研究和开发方面的合作，从而降低这一风险。北方司令部司令负责在国防部内部规划和设计北极能力的发展，应在降低这种风险方面发挥关键作用。美国欧洲司令部司令官和美国太平洋司令部司令官也要发挥自身作用，加强与地区伙伴的良好协作关系。

有关边界争议的政治鼓动与媒体宣传，以及对资源的争夺，可能激化地区紧张局势。如果公共舆论变得充满敌意和冲突，那么通过外交手段管理分歧可能会变得更加困难。国防部将通过协调其计划、行动和言辞来降低这一风险。在适当时候，将利用媒体以事实来消除这种不良言论的影响。负责政策的国防部副部长将监控国防部在该地区的活动、计划和立场，确保国防部能够向重要听众清晰地传递关于促进安全、保障和防务合作努力的信息。

在处理未来的安全风险时，如果采取过于激进的举动，会造成相互猜疑和传达错误信息，并且风险就会变成现实。认为北极正在变得军事化的观点有可能导致"军备竞赛"心态，从而导致打破应对挑战的现有合作机制的风险。国防部将按照《2013 年北极地区国家战略》所确定的安全协作措施降低这一风险，并支持其他联邦部门、机构发挥其领导作用。通过提高我们军事活动意图的透明度，参与双边与多边演习和交流，促进信息共享来建立互信，是解决这一风险的一种重要手段。

五、结论

国防部将与盟友和合作伙伴协调，通过这一战略确定的方法和手段，支持北极发展成为一个安全、稳定的地区。在这里，美国的国家利益得到保障，美国本土安全受到保护，各国通过合作来应对挑战。我们将优先解决近期的重要挑战，主要包括：冰层和气象报告与预报的不足，因资产缺乏和环境恶劣造成的指挥、控制、通信、计算机、情报、监视与侦察系统态势感知能力不足。关键是解决随着人类活动增加带来的能力需求。同时，平衡好对北极的可能投资与国家其他优先项目之间的关系。这一路径有助于美国实现《北极地区国家战略》所确定的目标，同时降低风险并克服因北极地缘战略重要性上升带来的挑战。

俄罗斯《2020 年前及更远的未来俄罗斯联邦在北极地区国家政策原则》

(2008 年 9 月 18 日第 1969 号令批准)

一、总则

（一）为了说明俄罗斯联邦北极政策的主要目标、主要任务、战略重点、落实国家北极政策的机制、实现国家北极地区经济社会发展战略规划的办法以及保障俄北极地区国家安全的措施，特制定《2020 年前及更远的未来俄罗斯联邦在北极地区国家政策原则》（以下简称《原则》）。

（二）该《原则》中所指的俄罗斯北极部分包括下列行政区划的部分或全部领土：

萨哈（雅库梯）共和国，摩尔曼斯克州，阿尔汉格尔斯克州，克拉斯诺亚尔斯克边疆区，涅涅茨民族自治区，亚马尔—涅涅茨民族自治区，楚科奇民族自治区。这些行政区划是根据《有关北极事务的相关决议》（由附属于苏联部长会议的国家北极委员会于 1989 年 4 月 22 日通过）和《关于苏联的土地和岛屿在北冰洋的声明》（由苏联中央执行委员会主席团于 1926 年 4 月 15 日公布）划分的，具有法律效力。

此外，俄罗斯的北极部分还包括这些行政区划邻近的土地、内海（河）中的岛屿、领海、专属经济区和大陆架，俄罗斯对上述地区拥有无可争辩的主权，且符合国际法的规定。

根据俄联邦有关的法律文件和相关国际法、国际公约、国际协议的规定，俄罗斯在北极的边界线已经确定，不存在争议。至于俄罗斯没有签署的国际法、国际公约、国际协议，其内容和规定的义务对俄罗斯没有任何约束力。

（三）俄联邦的北极地区具有如下一些独特的特点，这些特点对国家北极政策的制定影响很大：

1. 恶劣的自然条件和气候条件，这里有永久冰盖层和大量的浮冰；

2. 北极地区的开发比较缓慢，工农业不发达，人口密度低；

3. 北极地区远离国家主要的工业中心，本地经济活动所需的原料和燃料以及居民基本的生活必需品（包括粮食）都需要从外地调配，但北极地区的资源储藏量却十分丰富，尚未得到有效开发；

4. 北极地区的生态系统比较脆弱，一旦遭到人为破坏，将对地球的生态平衡和气候造成无法预计的损害。

二、俄罗斯联邦在北极地区的国家利益

（一）俄罗斯联邦在北极地区的国家利益主要体现在下列方面：

1. 北极作为俄罗斯的"自然资源战略基地"，对国家实现社会经济发展目标具有十分重要的作用；

2. 保持北极的和平与安定，并在该地区开展国际合作；

3. 保护北极独特的生态系统；

4. 北冰洋航线是俄罗斯在北极地区唯一的一条水上通道（以下简称"北方海路"）。

（二）国家利益决定了俄罗斯北极政策的主要目标、主要任务和战略重点。

为了实现国家利益，俄联邦北极地区的国家权力机关和民间组织都必须严格按照俄联邦的法律和有关的国际公约开展活动。

三、俄罗斯联邦北极政策的主要目标和战略重点

（一）国家北极政策的主要目标是：

1. 在社会经济发展领域，充分发挥并扩大北极作为俄罗斯"主要战略资源基地"的作用，在很大程度上可以满足俄罗斯对油气资源、水产资源和其他战略原料的需求；

2. 在军事安全领域，坚决捍卫俄罗斯在北极的北部边界，确保良好的作战体制，保持常规部队集群、其他部（分）队、军事组织和机构在北极地区所必需的作战潜力；

3. 在生态安全领域，保护和保持北极的自然环境，消除由于人类日益增加的经济活动和全球气候变化对北极环境的影响；

4. 在信息技术和通信领域，考虑到北极的自然特征，需要在北极地区建立统一的信息空间；

5. 在科学和技术领域，确保有足够数量的基础性科学研究和应用科学研究，为现代化北极管理积累所需的现代科学知识和地理信息，研发防卫性武器、可靠有效的生命保护设备（系统）和生产活动设备（系统），这些武器和设备都必须适用于北极的自然条件和气候条件；

6. 在国际合作领域，确保在国际公约和国际协议的基础上（前提是俄罗斯必须是这些公约和协议的参加国之一），建立俄罗斯与其他北极四国互利互惠的双边或多边合作机制。

（二）俄联邦北极政策的战略重点是：

1. 在有关国际法和双边协议的基础上，在充分考虑俄罗斯国家利益的前提下，与其他北极四国开展积极的互动，以求最终划定海洋边界；

2. 与北极四国加强合作，共同建立统一的地区搜救系统，并努力防止发生技术性（人为）灾害或当该类型灾害发生后，五国能共同采取有力措施以减轻其对北极自然和生态环境的影响，包括统一协调五国搜救队伍在执行任务过程中的行动；

3. 通过发展双边关系，增强俄罗斯与北极委员会、巴伦支海欧洲北极地区理事会等区域性组织的联系，改善和巩固俄罗斯与北极四国之间的睦邻友好关系，积极开展与这些国家的经济、科学技术、文化等方面的交流与合作，以及跨边界合作（包括五国共同合理开发北极的自然资源和保护北极的自然环境）；

4. 依据俄联邦有关法律和俄联邦签署的国际公约的有关规定，对穿越北极空中航线和"北方海路"的飞机和船只实施有效的组织和管理；

5. 俄罗斯的政府机构和各社会团体都要积极参与与北极问题有关的国际性会议和论坛，俄罗斯议会要加强与欧盟之间的沟通与协作，进一步促进俄欧之间的合作伙伴关系；

6. 在北冰洋完成划界行动，确保俄罗斯在斯匹次卑尔根群岛与挪威实现互利共存；

7. 改善俄罗斯北极地区社会经济发展的国家管理机制，扩大对北极地区的基础性科学研究和应用科学研究；

8. 提高北极地区"土著"居民的生活水平，改善当地经济条件，为经济的发展提供必要的社会条件；

9. 大量使用先进的科学技术，充分发挥北极地区的资源优势；

10. 通过翻新和新建公路、港口等交通业、渔业所需的基础设施，大力发展俄罗斯北极地区的基础设施建设，为经济的腾飞创造良好的发展条件。

四、俄罗斯联邦北极国家政策的主要任务和实施办法

（一）要想完成俄罗斯北极国家政策的主要目标，必须完成下列主要任务：

1. 在社会经济发展领域，应该是：

掌握详细的地质、地理、水文、测绘等方面的材料和确凿的证据，为俄罗斯在北极划界工作中占据主动创造条件；在不破坏生态平衡和北极自然气候条件的前提下，努力提升北极海洋矿产资源的开采量，加强对俄联邦所属大陆架的研究和开发工作，并加大对俄属北极地区石油天然气的勘探和开采力度；大量研发和采用新型技术，用于海洋矿产资源的开采和生物资源的开发利用，包括开发位于厚冰覆盖下的海洋地区；组建专门的飞机编队和渔船编队，并建设必需的保障性基础设施；优化"北方运送"的经济机制，通过使用可再生能源和可替代能源（包括当地的再生能源），新建和改造能源工厂，采用节能材料和技术，尽可能地减少北极地区对外界的能源依赖；国家加大对破冰船、救援船及辅助舰艇建造的支持力度，并大力营建港口、导航台等岸上基础设施，以确保"北方海路"的货物运输量能得到大的提升；为了保障船只在北极地区的航行安全，有必要建立专门的监测机制，负责管理和疏导繁忙水域的船只航行，包括为船只提供水文气象保障和导航服务；建立完善的安全机制，以保护俄联邦北极地区的领土、领海、人口、重要目标和设施的安全，避免受到自

然或技术性（人为）紧急情况的威胁。

要完成上述提到的各项任务，必须做到以下几点：

政府要全力支持经济实体在俄属北极地区开展的经营活动（特别是在开发油气资源、其他矿产和生物资源方面），采用创新技术，发展交通和能源基础设施，完善关税制度和对税率进行调整；通过中央政府与地方各级政府共同出资、预算内拨款和预算外追加拨款的灵活方式，在俄属北极地区大力推广新的经济开发项目，保证北极地区工作人员的工资准时全额发放（特别是野外工作人员和勘探人员）；对俄属北极地区的社会性基础设施进行现代化升级改造，包括教育设施、医疗卫生保健设施、住房等等，其中要重点建设被列入国家优先发展项目的工程；加大极地条件下所需专业人才的培训和再培训力度，重点发展高等和中等职业化教育，建立完善的北极地区社会保障体系，形成科学的北极地区工作赔偿补助制度；为北极民众提供全面优质的医疗卫生保健服务，完善医护人员的培训机制，形成快速有效的急救体系；完善俄属北极地区"土著"居民的教育计划，培养当地孩童适应现代社会的能力，使其掌握在恶劣自然条件下的生存技能，同时要加大教育投入，配备相当数量的教育设施和教育设备（包括远程教育设备）；在"土著"居民聚居的区域，要合理地开发自然环境，适当发展"绿色"旅游业，保护当地的文化、语言文字和民俗工艺品等非物质文化遗产。

2. 在军事安全领域，为了保护俄属北极地区的主权不受侵害和领土领海的完整，其主要任务应该是：

成立能在各种军事政治形势条件下确保军事安全的常规部队集群、其他部（分）队、军事组织和机构（主要指边防机构）；优化俄属北极地区的态势感知监控体系，强化边防检查站的监督职能，在位于北极地区的行政区实施边境区制度，并对"北方海路"上的各个河口和三角湾实施有效监控；俄北极地区的边防部队将根据受威胁的等级和面临的挑战遂行各项战斗任务。

要完成国家北极政策在军事安全领域的上述任务，主要实施办法如下：打造高效运作的北极地区海岸防卫体系（归联邦安全局负责），提高与邻国边防部门在打击海上恐怖主义、走私活动、非法移民以及保护海洋生物资源等方面的合作效率；大力兴建俄属北极地区的边防设施，发展边防机构的军力及装备；建立水面综合监控系统，加强国家对俄属北极地区捕鱼活动的控制和监管力度。

3. 在生态安全领域，其主要任务应该是：

保护北极地区动植物的多样性；在维护国家利益的前提下，可适当扩大自然保护区的范围；随着人类经济活动区域的不断扩大和全球气候持续变暖，必须加大对北极地区自然环境和生态环境的保护力度；妥善处理淘汰下来的核动力船只（主要指破冰船），尽量"变废为宝"，实行废物再利用，严防核反应堆因处置不当产生核泄漏，对北极的自然环境造成灾难性影响。

要完成国家北极政策在生态安全领域的上述任务，主要实施办法如下：建立北极自然资源开发利用和保护特殊机制，加强北极地区环境污染监测；恢复北极的自然环境，处理有毒工业废物，保证化学品的安全（特别是在人口稠密的地区）。

4. 在信息技术和通信领域，其主要任务应该是：

采用现代化的信息通信技术，应用先进的通信技术设备（包括移动电话）、广播、飞机船舶交通管理系统、地球遥测技术、航空照相技术、水文气象系统和水文地理系统，为科研考察提供保障服务；建立可靠的导航系统、气象系统和信息服务系统，以确保有效地监测北极地区的经济、军事和生态活动，同时加强对北极地区紧急情况的预测和预防工作，尽量减少紧急情况所造成的损害，在这方面要充分利用"格洛纳斯"全球卫星导航系统和其他的卫星和航天器。

主要实施办法如下：重点研发应用广泛的新技术、各种用途的航天器，以及建立通用型多功能情报网络。

5. 在科学和技术领域，其主要任务应该是：

应用各项新技术，特别是能够清除人为污染环境的技术，并研制适应北极气候条件下的新型材料；确保国家科考船发展计划的实现，重点是考察北冰洋的深水海域、研究深水潜航、试验用于极地科学考察设备的性能。

主要实施办法如下：对在北极地区开展的各种活动的主要发展方向及未来前景进行论证；研究危险自然现象的发生条件，研发和应用新的技术和手段，以便根据北极的气候变化对自然现象做出预测；由于自然的和人为的因素，导致地球气候发生变化，对北极可能造成什么样的中期和长期影响进行预测和评估，同时提高北极观测点基础设施的安全性；研究北极地区的历史、文化、经济和行政管理等情况；研究对居民身体健康有害的环境因素，保护极地工作人员和居民的身心健康，制定环境健康标准，旨在改善居民的居住环境和预防疾病的发生。

（二）在社会经济发展战略计划和保障国家安全的框架内，通过以下办法来完成北极国家政策的主要任务：

1. 在制定和实施俄联邦北极发展战略时，一定要考虑到保障国家安全的任务；

2. 建立一个综合的监测系统，包括对现有的国家安全信息统计监测系统进行改进；

3. 国家应着手准备规范性的法律文件，以证明俄罗斯在北极地区的地理边界，位于北极地区内的各行政区划也要准备相关的法律文件；

4. 加强俄属北极地区的管控力度，提高管理效率。

五、落实俄联邦国家北极政策的主要机制

（一）要想顺利实现俄联邦国家北极政策，需要俄联邦中央政府和地方各级政府（包括各共和国、州、自治州、边疆区、直辖市、自治区）的通力合作，各工业企业、商业团体和社会组织依据国家的有关法律也可和政府开展合作，甚至俄联邦还可同外国和国际组织开展合作，共同开发俄属北极地区。具体指：

1. 在不损害俄联邦国家利益和不违背俄联邦法律的前提下，在确保俄属北极地区社会经济发展、环境保护、军事安全、边界不受侵犯的基础上，可在北极地区开展科研活动，并通过国际合作的方式共同开发俄属北极地区，同时要遵守国际法和履行俄罗斯所承担的国际义务；

2. 通过中央政府与地方各级政府共同出资、预算内拨款和预算外追加拨款的灵活方式，实现俄属北极地区的开发；

3. 俄联邦各主体分别制定各自的社会经济发展战略、社会经济发展计划和土地发展规划；

4. 向国际媒体宣传和解释俄罗斯的北极政策，并通过举办展览、国际会议、圆桌会议等各种形式向外界证明俄罗斯拥有对北极地区无可争辩的主权和合法权益，树立俄罗斯积极正面的国际形象；

5. 建立国家北极政策监察和分析机制。

六、俄罗斯联邦国家北极政策的实施

（一）《2020 年前及更远的未来俄罗斯联邦在北极的国家政策原则》是分阶段实施：

1. 第一阶段（2008—2010 年）：通过地质、地理、水文、测绘等各种手段确定俄罗斯在北极的疆域，并准备好充足的数据和证明材料；为有效开发俄属北极地区的自然资源，积极开展国际合作；多种渠道筹集资金，中央政府和地方各级政府都要为北极的开发投入大量资金，确保《原则》的顺利实施；在俄属北极地区建立高技术支柱产业，即能源产业和渔业；对俄属北极地区有前途的发展项目可以采取公私共同出资、合作经营的方式。

2. 第二阶段（2011—2015 年）：设法让国际社会承认俄属北极疆域，在开采和输送北极能源资源方面形成竞争优势；完成俄属北极地区经济结构调整的任务，着手建立原材料基地和海洋生物资源基地；为了保障"北方海路"的畅通，建设和发展沿岸的基础设施和交通管制系统；建立俄属北极地区统一的信息空间。

3. 第三阶段（2016—2020 年）：把北极地区变成俄罗斯主要的"自然资源战略基地"。

总的来讲，该《原则》的实施有利于加强俄罗斯在北极地区的强国地位，也有利于俄罗斯在巩固国际安全、维护北极地区和平与稳定的过程中发挥自己应有的作用。

加拿大《北方地区战略》

引 言

　　加拿大遥远的北方地区是加拿大十分重要的组成部分——它是我们的遗产、我们的未来和我们国家认同的区域。北方地区正在经历快速的变化，这种变化从气候变化的影响一直到北方原住民政府和机构的增长。同时，国内外对北极地区的兴趣不断上升，更突出强调了加拿大对北极地区国内外事务实施有效领导的重要性，以符合加拿大利益和价值观的方式促进北极地区的繁荣和稳定。

加拿大政府对北方地区有清晰的构想

　　个体自力更生地健康生活，充满活力的社团管理他们自己的事务，构筑他们自己的目标。对土地和环境的重视是北方地区至关重要的传统，负责任和可持续发展的原则驱动所有的决策和行动。认真的、负有重大责任的政府为北极地区充满活力和繁荣的未来努力工作。北极地区的人民和政府都是构建充满活力的、安全的加拿大联邦的重要参与者。加强在北极陆地、海洋和天空的存在，巡视和保护我们的领土主权。通过提供一个综合的北方战略，我们正在完成上述构想。该战略基于四个同等重要和互为补充的优先领域：

实施我们的北极主权

促进社会和经济发展

保护我们的环境遗产

改进和加强北方地区管理

政府认识到，为了所有加拿大人的幸福必须捍卫加拿大北方地区的未来，并正在采取具体的行动将上述想象付诸实现。我们正在更进一步地、越来越快地准备好迎接 21 世纪的机遇和挑战。2008 年哈珀总理在西北领地因纽维克视察时说："我们是北方国家，为了我们的探险者，为了我们的企业家，为了我们的艺术家，正北就是我们的命运。我们不要醉心于正北的前途，现在就做我们加拿大人能够决定的事情。"北方地区是加拿大国家认同的核心。因纽特人、其他原住民和探险者、研究者的后代长期居住于此。我们处理北方地区当前面临的机遇和挑战的能力将决定我们的未来。加拿大北方地区首要的是人民，因纽特人、其他原住民和以北方地区为家的北方人，以及其他地区的加拿大人认识到北方地区对于我们共享遗产和民族命运是多么的重要。因纽特人，意指说 Inuktitut 语的人，占据着在北极土地和水道达千年之久。远在欧洲人到来之前，因纽特狩猎者、捕鱼者及其家庭季节性移居于此，并发展出一种扎根在这片巨大土地上的独特文化和生活方式。我们国家今天在北极地区的强大存在很大程度上归功于一直居住在北方地区的因纽特人的贡献。北极圈附近的南部地区长达数千年里一直由今天原住民的祖先居住着。原住民部落今天生活在育空领地、西北领地南部和加拿大主要省份的北部边界地区。在过去的两千年里，来自加拿大南部和世界其他地方的非原住民居民也选择北方作为他们的家。

在变化中的北极就在几十年前，联邦政府任命的总督负责决定北方地区居民生活的所有方面。今天，联邦政府和地区政府的工作关系以及管辖权力和责任与其他省份相类似。围绕获得更多的对于管理机构和资源的自主权，北方地区原住民已经完成了土地所有权和自治协议的谈判。北方地区逐渐成熟的政治和政策确定性有助于鼓励私人企业勘探和开发该地区巨大的自然资源，使区域经济多样化。从世界级的钻石矿产和巨量油气资源开发，到渔业的成长，再到吸引全球旅游者的旅游业的兴旺，北方地区巨大的经济潜力正逐渐被释放出来。急需关注的领域，如基础设施、住房和教育，正在得到发展，以确保北方地区居民能够抓住这些前所未有的机会。由于北方地区资源开发的潜力、新运输通道的打开和日益增长的气候变化的影响，国际兴趣已经大大增强了。2007年9月，卫星图像证实西北通道上的海冰覆盖面积低于10%，按照通航标准定义，西北通道在数周时间里处于完全畅通状态，这大大早于大多数预测。虽然西北通道在不久的将来很难成为安全可靠的运输航道，但是，海冰继续减少和通航时间继续加长将导致以旅游、自然资源勘探或开发为目的的船舶数量的增加。

加拿大北方地区气候变化的影响，如冻土层迁移和融化、消融的冰川、退缩的海冰和冰上道路缩短使用时间，将对北方地区居民以致整个加拿大民族造成显著的文化和经济后果。与此同时，新的开发计划增加污染，威胁北方居民的健康和该地区脆弱的生态系统。很少国家会像加拿大一样受到北极气候变化如此直接的影响。以加拿大北极地区巨大的资源和发展潜力，我们在不断加强的管理中扮演一个重要角色。

加拿大北方战略

1. 实施我们的北极主权

加拿大的北极主权是悠久的、完整的，建立在其历史称谓上，部分奠基于从远古时代以来因纽特人和其他原住民在该地区的存在基础上。然而，在一个动态和不断变化的北极地区，行使我们的主权，包括维持在北方地区的强大存在，增强地区管理，确定我们的权力范围，增进我们对区域的知识非常重要。

2. 加强我们的北极存在

加拿大政府正在坚定维持在北方地区的存在。确保我们有能力保护和监视我们北极领土主权范围内的陆地、海洋和天空。哈珀总理 2008 年说："北方地区地缘政治的重要性和国家利益对于加拿大从未像现在这样大。这就是为什么政府制订一个雄心勃勃的北方议程的原因，它基于如国歌中所精确表达的永恒责任——保持正北地区强大和自由。"在北方地区新设施上大量投资，包括在西北航道岸边的坚决湾建立一个军事训练中心，扩大和现代化加拿大巡逻队，一支为加拿大北部沿岸遥远偏僻的社区提供军事存在、巡逻和搜救的预备役部队。在海上，我们正在建立一个深水泊位和加油设施，建造一艘新的极地破冰船，它将成为加拿大海岸警卫队舰队中最大和最强的破冰船。该船将用已故总理约翰 G.迪芬贝克的名字命名，以示纪念。我们将通过投资建造新的能在冰中持续航行的巡逻舰，进一步提升加拿大北极地区舰队的能力。这些船将能够在西北航道通航期间在全航道上巡逻，并做到可全年接近该航道。国防空基广域监视和支持计划，向加拿大军方提供更大的监视加拿大陆域及其海洋边界的能力。加拿大军方与联邦其他部门和机构合作，将继续在北方地区开展行动，如以监视和安全为目的的定期巡逻，并作为北美空间防御司令部的组成部分监视和控制北美空域。在世界上人类最北的永久性居住地区加拿大军事警报站维护信号情报接受设施。

3. 加强管理

加拿大正在采取具体措施来保护海洋环境，如通过引入新的压载水管理规定，以减少船只释放有害水生物和病原体到我们水域的风险。我们还修订了北极水域污染防治法，使该法的适用范围从距海岸线 100 海里延长至 200 海里，完整覆盖了《联合国海洋法公约》规定的我国专属经济区范围。这次修订，使我们增加了 50 万平方公里水域的污染防治执法管辖权。此外，我们正在根据《加拿大航运法》（2001）制订新法规，要求所有船只进入加拿大北极水域时，向海岸警卫队加拿大北方交通管理系统报告的制度。最后，加拿大正在与北方地区社区和政府协同工作，以确保其搜救能力满足北方地区不断变化的需求。

4. 确定我们的领域和加深我们对北极的了解

加拿大北方地区是一个至今仍未被完整测绘和研究的广袤区域。由于《联合国海洋法公约》的批准，加拿大一直在开展科学研究，以按照《联合国海洋法公约》的定义确定我国大陆架的边界范围。这项研究将确保加拿大在 2013 年底前向联合国大陆架界限委员会递交大陆架外部界限划界案申请时，取得对加拿大北冰洋和大西洋大陆架最大范围的承认。这个过程是漫长的，但不是对抗性的，也不是一场比赛。相反，它是一个以共同认可的国际法为基础的合作进程。加拿大正在与丹麦、俄罗斯和美国合作开展这项科研工作。

加拿大对北极地区土地和岛屿的主权是无可争辩的，汉斯岛（也是丹麦主张领土）是个例外。关于汉斯岛的争端是在加拿大与丹麦2005年9月联合声明的基础上进行外交斡旋的。这一争端范围仅仅是岛，不包括水域、海底、航道控制权。美国和加拿大之间存在的分歧在波弗特海的海洋边界划分问题上。加拿大和丹麦的海洋划界分歧在林肯海部分海域。美国和加拿大在诸如西北航道等水道的法律地位问题上存在分歧。所有这些分歧都在良好的管理范围内，不构成对加拿大主权或者国防的挑战。事实上，它们并没有影响到加拿大与美国、丹麦或者其他北极邻国在处理重要现实问题方面的合作。加拿大将继续管理这些零散的纠纷，未来将在国际法下寻求解决途径。

5. 人类因素

北方居民在形成区域优先领域和措施中发挥重要作用。例如在北极理事会，加拿大与6个拥有理事会永久性成员身份的原住民国际组织密切合作。这6个组织中有3个，其主体部分在加拿大，它们是：北极阿萨巴斯卡理事会、哥威迅国际理事会、因纽特环北极理事会。

6. 促进社会和经济发展

北方地区经济和社会发展有助于确保以可持续方式发挥北极地区的巨大潜力，有助于北方居民参与并受益于发展。北方战略与北方居民致力于共同建立一个自给自足、充满活力和健康的北方社区。

7. 支持经济发展

经济发展取决于高效运作的机构、透明和可预期的规则。新的投资正被用于建立经济发展的关键机构，改善经济发展所必须的监管环境。为了加强对经济活动的支持，新的北方经济发展机构正在建立之中。该机构的一个核心任务就是将提交新的北方经济发展战略投资计划。

　　加拿大政府正在采取措施，确保北方地区规管制度以可预期、有效和充分的方式保护北方环境。如北方地区规管制度改进计划这样的努力有助于解决发展项目的复杂审批程序，以确保新项目可以迅速而又有效地启动和运行。

　　采矿活动以及诸如麦肯齐天然气项目这样的主要项目是北方地区可持续经济活动的基石，也是建设繁荣的原住民和北方社区的关键。北方地区的钻石开采现在是一个年产值 20 亿美元的产业，这几乎占到西北地区经济的一半。麦肯齐天然气项目估计产值将超过 160 多亿美元，该项目通过原住民参与的新开发模式使原住民社团直接受益。原住民管道集团，特别是通过其在项目中的业主地位，将提供原住民参与发展经济的渠道。除了沿岸勘探和开发之外，在离岸海域存在新的获取利益的机会，包括在波弗特海较深水域勘探石油和天然气。加拿大将继续支持这些天赐战略资源的可持续开发利用。

　　虽然已启动了大型项目来开发北方地区地表储量巨大的矿物、石油、水力和海洋资源，但北极地区自然资源的潜力仍是未知之数。加拿大政府宣布了一项新的重要地理测绘工作：能源和矿产地理测），该计划将结合最新技术和地球科学的分析方法建立我们对加拿大北方地区（包括加拿大北极群岛）地质的认识。这项工作的结果将查明矿产和石油的潜在分布区域，引导更有效率的私营企业勘探投资，创造北方地区的就业机会。

　　北方地区也是可再生资源和文化资源的宝库，对经济和社会有重要贡献。政府正在为促进旅游业和当地社团文化遗产机构提供更多的资金。例如在努纳武特地区克莱德河，政府正在帮助建立文化设施，在那里，学生可以参与因纽特文化项目，研究许多基于土地的传统知识。

8. 需要解决的关键基础设施

现代公共基础设施将有助于北方地区建立一个更强健的经济、一个更清洁的环境、一个更安全和更繁荣的社区。北方居民需要关键基础设施，以便运送货物到加拿大南部和世界其他地区的市场。

育空、西北、努纳武特这三个地区有非常不同的经济，因而对基础设施的需求也非常不同，这就是为什么加拿大正在与各领地政府密切合作，开发适合当地特点和需求的措施。考虑到现实情况，根据加拿大渔业和海洋部和努纳武特政府递交的联合报告，在庞纳唐兴建一个商业渔业港口，以帮助该领地的渔业发展。领地政府和北方社区正在从一大批基础设施建设项目投资中获得很大受益，包括宽带、再生和绿色能源基础设施，为未来北方地区的发展奠定了必要的基础。总之，这些投资有助于建设更强健的经济、更清洁的环境和更繁荣的社区。

9. 支持增进北方居民福祉

为了支持健康和充满活力的社区，今天的加拿大政府通过领地财政准则，每年向领地无条件提供近25亿加元的资金，使领地政府可以为医院、学校、基础设施和社会服务等计划提供基金。我们也通过有针对性的投资，解决住房、医疗、技能培训和其他服务的需求。与领地协同工作，已经做出重大投资用以改善住房质量和提高可居住性，特别是在努纳武特地区房屋需求是最大的，这些投资有助于减少拥挤和低于标准的住房问题，有益于增进北方居民的健康和福祉。

为使北方居民掌握适应快速变化的经济所需要的技能、知识和证书，我们已经投资了一系列计划。例如原住民技能和就业伙伴关系计划获得成功，它是一个涉及联邦政府、原住民团体和企业三方的倡议，创造了加拿大各地原住民在采矿、石油和天然气、水电等主要企业中的可持续就业。

加拿大通过社会转移支付向各领地提供了大量持续的和不断增长的社会项目资金支持，包括儿童教育和高中后教育计划。这些领地也得到了联邦针对性的支持以应对北方地区的特别挑战，解决诸如劳动力市场培训、基础设施和社区发展以及空气清洁和气候变化等方面的问题。

2008 年 8 月 18 日，印第安和北方地区发展事务部部长说："作为政府，我们为最近和正在进行的努力感到自豪，这些努力致力于支持北方地区领地政府、原住民社区和企业界领袖，他们是整个北方地区经济和社会发展的真正驱动力。而且我可以向北方地区的每一个人保证，我们将会继续与他们见面，听取他们的意见，并与他们合作，以实现使这一加拿大地区变得富饶而又美丽的诺言。"

同领地政府一起，我们正在取得进展，以确保领地的卫生系统更加符合北方居民的需要，病人候诊时间缩短，社区服务获得改善。通过领地卫生系统可持续发展计划，我们正与该地区协同工作，以减少对外部卫生保健系统和医疗旅行的依赖。通过加拿大医疗转移支付，各领地接受到联邦政府长期的和不断增长的卫生保健和减少候诊时间的基金支持。我们将继续与北方居民在促进健康和预防疾病方面开展合作，如加强对北方健康问题的基础支持，以改善卫生条件，减少不平等，促进个体自力更生、健康而又充满活力的社区生活。我们还必须继续确保居住在遥远和偏僻社区的北方居民以负担得起的价格获得优质、富有营养的食物。

2009 年 7 月 12 日，负责北方地区的卫生和区域部部长和努

纳武特议会议员莱昂纳·安格卢考克说：“我们的政府认识到北
方地区的重要性，通过加拿大经济行动计划和我们的北方地区战
略，我们已经迈出了帮助这个关键地区蓬勃发展的重要步骤。”

我们已加强了对加拿大大学助学基金会的支持力度，以支持
北方地区产业创新、健康、社会和经济发展领域的研究，并正在
建立关于加拿大在环北极世界中的作用的研究生奖学金。提高对
于北极人类健康问题的认识和重视程度仍然是一个需要环北极国
家关注的优先领域。加拿大一直走在这些问题研究的前列，并将
继续支持北极人类健康问题的国内和国际研究。

10. 北极海冰变化

2007 年是非常有意义的一年。那年夏天，海冰最小面积比
气候模式最大胆的预期还要少。

保护我们的环境遗产。

加拿大北方地区壮观的景色、独特的鱼类和野生动物以及无
与伦比的探索北极荒野的机会吸引着来自世界各个角落的游客。
但是，北部地区脆弱而又独特的生态系统正在受到气候变化的负
面影响。加拿大致力于为子孙后代确保这些生态系统受到保护。

11. 成为全球北极科学领先者

科学和技术构成了加拿大北方地区发展战略的重要基础，知
识为良好的政策和决策提供了所需要的保障。国际极地年 IPY
（2007—2008）是迄今为止全球性极地研究计划中最大的一个，
加拿大是所有国家中对此计划做出最大贡献的一个国家。IPY 科
学研究主要关注两个重点领域：气候变化影响及其适应；北方居
民和社区的健康和福祉。原住民和北方居民在 IPY 规划、协调和
实施过程中发挥了重要作用，并积极开展了科研活动。加拿大
IPY 投资有助于调动数百个新研究人员的参与，其中包括了来自

加拿大北方地区的 90 位研究者。培养下一代专家是 IPY 的一个关键遗产，这样我们不仅能够保证今天的世界水平的北极科学研究，同时还能够保证获得明天的北极科学知识。

通过与联合国、世界气象组织、国际海事组织和北极理事会等国际组织的合作，加拿大正在构建北极环境的知识基础，形成世界上重要的北极伙伴关系。

为了确保加拿大在北极科学的全球领先者地位，加拿大政府致力于在高北极地区建立一个新的世界级研究站。目前正在就这一研究站的功能设置和可行性与国内外进行广泛协商。我们的愿景是，新的北极研究站将建设成为这片广袤而又多样化的北极地区的科学活动中心。为此，我们已经建立了一个北极研究基础设施基金，以提高北方地区主要研究机构的能力。

12. 保护北方地区土地和水域

针对北方地区环境敏感的土地和水域，加拿大正在采取全面的保护方法，确保养护措施与社会发展步伐一致。在西北地区，加拿大通过退耕保护了大片土地，并正在开展像大奴湖东支新国家公园和萨哈图安置区建设等一系列的保护措施。加拿大还致力于对世界上第一个联合国教科文组织世界遗产——纳汉尼国家公园保护区的扩建。

与努纳武特地区图昂加维克公司一起，加拿大宣布在巴芬岛及其周围地区建立 3 个新的国家野生动物区域，以保护当地的物种和栖息地，其中包括北极露脊鲸。与拉布拉多因纽特人签定了土地协定，奠定了加拿大托恩盖特山保护区国家公园的法律地位，创建一个新的拉布拉多北极荒野国家公园。

北方地区也从加拿大海洋保护措施中获益，这些措施加强了北方地区社区对于污染事件的反应能力，促进与国内和全球伙伴在基于生态系统的综合性海洋管理方面的合作。我们正在加强保护海洋环境，包括鱼类及其生存环境。海洋保护措施的一个重点是建立兰开斯特海峡海洋保护区，这是环北极地区中具有最重要生态意义的海洋区域。加拿大运输部继续评估加拿大应对北极海洋污染的能力，确保加拿大海岸警卫队和社区在发生紧急情况时拥有必要的设备和反应系统。

同样重要的是，在整个北方地区制订清理计划来修复或补救废弃矿山和其他污染场址所造成的环境破坏。我们已经从过去的错误中学到很多东西。在北方地区开展工业活动的所有公司必须进行严格的环境评估，建立环境修复或补救计划，符合业务运行和环境安全标准，满足包括渔业法在内的各种法律的要求。

13. 改进和下放北方地区管辖权

在过去几十年里，北方地区政府对地区事务的很多方面获得了较大的权利。唯一的例外是对土地和资源的管理权，这归联邦政府控制。2003 年 4 月，育空地区成为第一个接管这些职责的领地，直接将当地自然资源的决策权交给育空地区公民的手中。西北地区也正在制订相似的管辖权原则下放。在努纳武特地区，我们一直与努纳武特领地政府和图昂加维克公司密切合作，研究管辖权下放有关问题，并制定了今后的谈判协议。

14. 北方地区政策和战略创新

加拿大北方是加拿大政府和世界上一些最具政策创新与协商方法的源地。通过土地权利和自治政府协议，原住民社区正在进行北方地区政策和战略创新，以应对其独特的经济和社会挑战和机遇。如今，育空地区 14 个原住民社区有 11 个签署了自治协议。"全面土地要求协定"覆盖了西北地区绝大多数土地，给予了土著人民管理自己的土地和资源的权力。努纳武特土地要求协议直接导致了这个加拿大最新领地在 1999 年建立，为加拿大东部北极因纽特人提供了约 35 万平方公里的土地，这是加拿大历史上最大的原住民土地要求协议。

我们已经看到与生活在拉布拉多和魁北克省北部努纳维克地区因纽特人的协议取得了类似的进展。拉布拉多因纽特人土地要求协议是加拿大第一个这种类型的现代条约，它规定了因纽特人在拉布拉多地区的权利，确定了因纽特人在拉布拉多北部地区的领地范围。努纳维克因纽特人原则协议于 2007 年 8 月签署，创立了地区政府适应努纳维克人民需要的新形式。

15. 提供正确的政策工具

要在此基础上取得进展，加拿大和领地正在与第一民族，梅蒂斯人和因纽特人一起密切合作，以解决紧迫的问题，实施过去已经制订的协议，更快地签订新的协议，其中包括土地要求和自治协议。

我们亦透过领地财政支持计划向领地政府提供大量的金融资源，北方地区政府面临着处理北方独特问题时的巨大挑战，包括如何向相距遥远的、人口稀少的社区提供有效服务。

认识到北方所有地区处于政治发展的不同阶段，加拿大致力于继续与所有伙伴共同努力，推动务实、创新、高效的政府管理模式。

北方战略的国际因素

加拿大具有强烈的与北方邻国一起合作在国际上增进加拿大利益的历史传统，以加强我们作为一个负责任北极国家的角色。通过北极外交政策，加拿大支持加强构成北方战略四大支柱的国际因素，参与国际合作、加强加拿大优先领域的双边、多边合作和以北极理事会为外交平台。

1. 我们的北极地区的合作伙伴

北冰洋以新的方式将我们与北极地区邻国联系起来。合作、外交和国际法一直是加拿大处理北极事务的主要考虑因素。由于对该区域国际兴趣的增加，有效维护加拿大主权领土和积极促进加拿大的北极国际利益比以往任何时候都更重要。我们将继续与北极地区伙伴紧密合作，在我们推进国内工作的同时，实现该地区各国的共同目标。

美国仍然是我们在北极地区极为宝贵的合作伙伴。加拿大和美国在北极环境管理、资源可持续开发利用、安全和防卫、高效搜救服务等领域有着大量的共同利益。我们与美国有着长期的有效合作历史，针对新出现的北极问题，将通过双边、北极理事会和其他多边机构继续加深合作。

加拿大印第安人事务和北方发展部与俄罗斯地区发展部签署了关于评估原住民合作项目的谅解备忘录，这是加拿大与俄罗斯开展双边合作的一个最新例子。该备忘录中包括了新的贸易关系和运输航道、环境保护和原住民问题。

我们与其他北极邻国，挪威、丹麦、瑞典、芬兰和冰岛也有共同利益，也有很多需要相互学习的地方。例如，我们每年与挪威的北方对话，涉及了诸如气候变化适应、石油和天然气开发、海洋管理和科学合作等问题。我们也与非北极国家就北极问题开展合作。例如，加拿大和英国签署了极地研究合作谅解备忘录。

2. 北极理事会

北极理事会是深化全球北极认识的重要场所，它在发展北极国家共同议程方面发挥了关键作用。加拿大是北极理事会的第一任主席，并一直活跃在其工作组的所有活动中。加拿大与其他伙伴国家一起，在北极理事会《北极人类发展报告》、《北极石油和天然气评估》和《北极海洋运输评估》等计划中发挥了主导作用。加拿大将在 2013 年再度出任理事会主席。在此之前，我们致力于确保北极理事会有足够的能力、资源和影响力，有效应对影响北极和北极居民的新挑战。

还有其他一些北极问题论坛提供的机会，其中包括致力于建立 IPY 遗产的科学团体、联合国气候变化框架公约的讨论和谈判以及目前正在制订北冰洋船舶航行指南的国际海事组织。

加拿大将继续加强国内外合作伙伴关系，以确保我们能够抓住北极地区面临的机遇，并应对挑战。

3. 伊卢利萨特宣言

2008 年 5 月，部长们代表 5 个北冰洋沿海国家：加拿大、丹麦、挪威、俄罗斯和美国发表了伊卢利萨特宣言。该宣言确认了北冰洋独特的生态系统，回顾了现有广泛适用于北冰洋的法律框架。值得注意的是，《海洋法》提供了处理广泛问题的重要权利和义务。这个法律框架为确认 5 个北冰洋沿海国家和其他北冰洋用户的管理责任奠定了坚实的基础。5 个沿海国将继续致力于这一法律框架，有序解决任何可能的重叠权利主张。

2009 年 3 月 11 日，加拿大外交部长劳伦斯—加农说："加拿大政府致力于确保国际关注的焦点保持在如何面对北极的挑战和机遇。在考虑北方地区战略中的国际因素时，我们致力于代表所有加拿大人的利益。建立一个强大的加拿大北方地区对于建设我们国家是至关重要的，它也表达了我们全体国民最深切的愿望。"

我们的北方，我们的未来

我们的北方，我们的未来

加拿大北方地区是加拿大国家认同的核心。加拿大的未来是与北方地区的未来紧密联系在一起的。加拿大政府认识到在面对新的挑战和机遇面前有责任维护和保护丰富北方遗产。我们正在同北方居民合作，并向国内外表明我们高度重视北方地区的发展。加拿大的北方地区战略明确了行动计划，它将留下永久的遗产，并保障未来数代加拿大人的生活幸福。

参考文献

郭培清等著：《北极航道的国际问题研究》，海洋出版社，2009 年 10 月版。

华薇娜、张侠主编：《南极条约协商国南极活动能力调研统计报告》，海洋出版社，2012 年 5 月版。

郭培清、石伟华编著：《南极政治问题的多角度探讨》，海洋出版社，2012 年 11 月版。

杨剑等著：《北极治理新论》，时事出版社，2014 年 11 月版。

刘惠荣主编：《北极地区发展报告·2014》，社会科学出版社，2015 年 6 月版。

潘敏著：《国际政治中的南极——大国南极政策研究》，上海交通大学出版社，2015 年 9 月版。

陆俊元、张侠著：《中国北极权益与政策研究》，时事出版社，2016 年 4 月版。

丁煌主编：《极地国家政策研究报告·2014—2015》，科学出版社，2015 年 12 月版。

丁煌主编：《极地国家政策研究报告·2015—2016》，科学出版社，2016 年 12 月版。

陈玉刚、秦倩等编著：《南极：地缘政治与国家权益》，时事出版社，2017年1月版。

车福德编：《经略北极：大国新战场》，航空工业出版社，2016年5月版。

潘敏：《论美国的南极战略与政策取向》，《人民论坛·学术前沿》，2017年10月。

于川信、周建平主编：《军民融合与战略发展》，解放军出版社，2012年10月版。

于川信主编：《美国军民融合研究报告》，军事科学出版社，2014年6月版。

方堃：《北极形势发展及北极航道利用》，《海军军事学术》，2011年第4期。

张瑞、吴闽：《北极的战略地位及我之对策》，《海军军事学术》，2012年第2期。

刘胜湘、张弘扬：《中国极地研究的新视角、新进展》，《南京社会科学》，2015年第3期。

唐国强：《北极问题与中国的政策》，《国际问题研究》，2013年第1期。

周洪钧等：《俄罗斯对"东北航道"水域和海峡的权利主张及争议》，《国际展望》，2012年第1期。

鲍文涵：《英国的南极参与：过程、目标与战略》，《世界经济与政治论坛》，2016年第2期。

后 记

　　涉足极地领域始于 2013 年参与由国防大学原战略教研部危机管理中心赵子聿教授（现为国防大学国家安全学院国防和军队发展战略教研室主任）所承担的一项国家社科基金军事学项目《极地战略问题研究》。自那时起，极地这片冰天雪地的世界就吸引了我的目光。

　　在对这一问题的跟踪研究中，我有幸近距离接触到了中国极地研究中心杨惠根主任、张侠研究员、王洛博士和江南社会学院陆俊元教授等知名专家学者，他们的丰富阅历和渊博学识给了我很多启示，让我受益很多。

　　当然，在极地问题研究领域，我才刚起步。从某种程度上讲，这本书也只是对前人已有成果的整理归纳、消化吸收和再加工，我更愿意把它当作是我研究过程中的一个阶段性积累，作为自己今后深入研究的一个重新起步。

　　多少事，从来急。天地转，光阴迫。

　　站在新的历史起点，我们比以往更加紧迫地需要关注极地、认识极地、经略极地，这是我们的利益所在，也是我们的安全所需。

图书在版编目（CIP）数据

极地战略问题研究/左鹏飞著．—北京：时事出版社，
2018.12
ISBN 978-7-5195-0257-7

Ⅰ.①极… Ⅱ.①左… Ⅲ.①极地—国家战略—
研究—中国 Ⅳ.①P941.6②D60

中国版本图书馆 CIP 数据核字（2018）第 248361 号

出 版 发 行：时事出版社
地　　　址：北京市海淀区万寿寺甲 2 号
邮　　　编：100081
发 行 热 线：（010）88547590　88547591
读者服务部：（010）88547595
传　　　真：（010）88547592
电 子 邮 箱：shishichubanshe@ sina. com
网　　　址：www. shishishe. com
印　　　刷：北京朝阳印刷厂有限责任公司

开本：787×1092　1/16　印张：13.75　字数：164 千字
2018 年 12 月第 1 版　2018 年 12 月第 1 次印刷
定价：85.00 元
（如有印装质量问题，请与本社发行部联系调换）